AGROINDUSTRIALIZAÇÃO DE FRUTAS

Biblioteca de Ciências Agrárias Luiz de Queiroz
Volume 5

AGROINDUSTRIALIZAÇÃO DE FRUTAS

Urgel de Almeida Lima
Coordenador

Alessandra Ferreira
Daniela Arnaldi
Daniela Sonoda
Renata Fantini

3ª Edição

FEALQ

BIBLIOTECA DE CIÊNCIAS AGRÁRIAS LUIZ DE QUEIROZ
Volume 5

Av. Centenário, 1080
13416-000 Piracicaba, SP, Brasil

Fone: 19-3417-6609

livros@fealq.org.br
fealq.org.br

Catalogação na Publicação
DIVISÃO DE BIBLIOTECA - DIBD/ESALQ/USP

Agroindustrialização de frutas / coordenação de Urgel de Almeida Lima; Alessandra Ferreira ... [et al.]. - - 3. ed. - - Piracicaba: FEALQ, 2018.
172 p. : il. (Biblioteca de Ciências Agrárias Luiz de Queiroz, v. 5)

Bibliografia.

ISBN: 978-85-7133-090-0

1. Frutas 2. Indústria agrícola 3. Tecnologia de alimentos I. Lima, U. de A., coord. II. Ferreira, A. III. Arnaldi, D. IV. Sonoda, D. V. Fantini, R. VI. Título VII. Série

CDD 664.8
L732a3

Elaborada por Maria Cristina Moura Rocha de Andrade - CRB-8/3576

ISBN 978-85-7133-090-0

Sumário

Termos, Fórmulas, Definições e Abreviações

No texto há palavras estrangeiras com aspas.
Mesmo que possam ser traduzidas, essas palavras
são de uso comum entre os técnicos da área.

SO_2 = Dióxido de enxofre ou gás sulfuroso.

°Brix = Os graus Brix pertencem a uma escala que indica percentagem de sacarose em uma solução pura desse açúcar em água.

Em soluções impuras que contêm sacarose e outro açúcar e sais minerais, tais como os caldos e sucos de frutas naturais ou concentrados, °Brix significa percentagem de sólidos solúveis totais incluindo sacarose, outros açúcares e sais dissolvidos.

Em uma solução de sacarose pura, 1°Brix é igual a 1% de sacarose. Em um suco de frutas, 1°Brix significa 1% de sólidos em solução.

EDTA = Ácido etileno diaminotetracético.

H_2S = Ácido sulfídrico.

LCC = Líquido da castanha de caju, resina ou cardol.

CO_2 = Dióxido de carbono ou gás carbônico.

Prefácio

ESTE trabalho surgiu por sugestão de uma associação de produtores e de comercialização de frutas e, quando estava terminado, a Fundação de Estudos Agrários Luiz de Queiroz assumiu a responsabilidade de editá-lo. Esgotada a primeira edição, pensou-se em reimprimi-la, mas surgiu a ideia de apresentá-la como nova edição reformulada.

Na primeira edição foi destacado que se visava a apresentar, de forma didática, conhecimentos úteis sobre as possibilidades de conservação, de uso industrial de frutas e abertura de oportunidades para novos empreendimentos que contribuíssem para tornar menores as perdas na fruticultura e acrescentar ganhos às explorações frutícolas.

Na segunda edição, o coordenador procurou manter a mesma orientação didática, mas julgou oportuno abordar novos assuntos, para informar sobre matéria pouco divulgada, como os licores e sua obtenção, e introduzir nova ideia sobre a produção de fermentados cítricos.

Os licores, normalmente divulgados sob a forma de receitas, são encontrados em muitos locais, principalmente em regiões turísticas, grande parte fabricada empiricamente, sem conhecimentos ou cuidados tecnológicos adequados para a obtenção de bebidas de boa qualidade, uniformes e estáveis.

Os fermentados alcoólicos de citros são tradicionais em algumas comunidades, preparados empírica, artesanal e tradicionalmente, apreciados no local, mas sem generalização de consumo porque sua qualidade varia muito e sua apresentação é restrita às comunidades, sem os resultados econômicos que poderiam propiciar.

Nesta terceira edição foram acrescentados: um capítulo com informações sobre o uso e o aproveitamento de frutas com o objetivo de industrializar e introduzir no mercado o que se pode denominar de frutas pré-curadas e outro capítulo sobre assepsia no aproveitamento tecnológico de frutas.

Os objetivos da primeira edição são mantidos, mas a ordenação dos capítulos foi ligeiramente alterada.

O COORDENADOR, em 2018

Agroindustrialização de Frutas

Apresentação

Da produção ao consumo, as perdas na agricultura são elevadas. Evitá-las é reduzir custos e economizar energia. Em fruticultura, como em outras áreas de atividade agrícola, há desperdícios por falta de conhecimento sobre como aproveitar a produção que ultrapassa o consumo ao natural. Acredita-se que estimular a industrialização é uma das formas de amenizá-los.

Em algumas indústrias, a matéria-prima provém de culturas especialmente cultivadas para seu aprovisionamento, mas em outras é obtida do que não foi comercializado ao natural e que nem sempre é da melhor qualidade. No entanto, as frutas que não são consumidas ao natural podem se constituir em boa matéria-prima, desde que se empreguem tecnologias de conservação adequadas.

É possível projetar esquemas de conservação para tornar as frutas aptas para industrialização mesmo após seu período normal de safra. Nem todas podem manter as mesmas características físicas de fruta fresca, porém mesmo as de rápido perecimento podem ser aproveitadas tecnologicamente por períodos mais prolongados do que ao natural. O produtor poderá fornecê-las às indústrias com boas características organolépticas e nutricionais e agregar mais recursos à sua propriedade.

Não tendo que vender rapidamente, o produtor entregará paulatina e regularmente as frutas pré-processadas e as indústrias trabalharão com matéria-prima de qualidade melhor e mais uniforme. As indústrias provavelmente estabelecerão normas de padronização, que beneficiarão ambas as partes.

Com a intenção de oferecer sugestões para o estabelecimento de meios que reduzam o desperdício e, em consequência, diminuam os custos de produção, aumentem a receita e contribuam para o desenvolvimento tecnológico, os autores se propuseram fazer uma publicação sobre aproveitamento tecnológico de produtos de pomares. Ela não aborda minúcias, porque seu objetivo é oferecer a estudantes e fruticultores um conhecimento resumido de processos de industrialização.

O trabalho visa a transmitir conhecimentos úteis para a melhor compreensão das possibilidades de conservação e de aproveitamento, que eventualmente servirão de subsídio para a criação de novas oportunidades, tais como a instalação de indústrias primárias e de pré-processamento. Não há nenhuma intenção de estimular a criação de pólos de concorrência às empresas já instaladas.

A instalação de indústrias primárias ou de pré-processamento é uma alternativa para o produtor, sem alterar sua principal vocação, a agricultura. No entanto, só ou em associações ele aumentará as potencialidades de sua propriedade agrícola e terá maior tranquilidade no escoamento da produção.

As indústrias, por outro lado, se beneficiarão com matérias-primas de melhor qualidade ou de matérias-primas pré-processadas uniformes e sob regime de fornecimento regular. Uma indústria primária pode ser a de refrigeração ou de congelamento; uma de pré-processamento pode ser a de produção de polpas enlatadas.

Esta obra é uma revisão simples, geral e de caráter didático, que não pretende esclarecer todas as questões sobre a industrialização de frutas, o que de resto não é possível em uma única publicação. Isto porque a conservação ou a transformação de frutas apresenta grande diversidade, da matéria-prima às tecnologias a empregar, e porque as pesquisas introduzem novas técnicas constantemente.

A conservação das frutas frescas e a sua transformação visam a manter as características originais de composição (vitaminas, açúcares, sais minerais) e as de aparência. Entretanto, há modificações maiores ou menores, de acordo com a espécie e com o processo de industrialização utilizado. Aquecimento, mesmo que suave, aplicação de frio e dessecação sempre causam alterações de cor, de estrutura e nem sempre inibem ou impedem reações químicas e bioquímicas que modificam a qualidade em uma ou mais características.

Quando a necessidade de melhorar as condições de conservação ou de aumentar o atrativo para comercialização exigir cortes, descascamento ou outra modificação estrutural nas frutas, poderão ser abertos caminhos para as reações químicas e bioquímicas e para a multiplicação de microrganismos, com consequências sobre as qualidades de aparência e nutricionais.

A má aplicação dos processos de conservação ou transformação também causa perda de qualidade, mesmo que iniba as reações e o crescimento de microrganismos.

Os processos de industrialização seguem linhas gerais de procedimentos e assim são aqui descritos, mas para bons resultados é necessário seguir regras determinadas pela qualidade intrínseca da matéria-prima. Ao estabelecer uma linha de processamento é necessário obter orientação específica sobre os processos e as peculiaridades de cada fruta.

Maiores conhecimentos podem ser conseguidos com a leitura de trabalhos dos autores mencionados na bibliografia, os quais, por sua vez, citam importantes fontes bibliográficas. Entretanto, no momento de instalar um sistema de processamento é conveniente consultar técnicos especializados, para evitar dissabores ou prejuízos.

Os Autores

AGROINDUSTRIALIZATION OF FRUITS

PRESENTATION

THE main goal of fruit farming is to supply the market of fresh fruits but there are special plantations to supply industries, the large orange plantations being an example. In the first case, the increase of the plantation area or the development of agricultural techniques contribute for surpluses, whose industrialization may aggregate significant amounts to the agricultural activity.

The use of crop surpluses is the reason for consultations of growers and the natural answer for the indagations is to process the exceeding crop.

A number of good manuals give in details the steps of the industrial processes for many fruits, however, these sources are not always available or the instructions are not simple enough for a quick understanding by people who are unfamiliar with the terms of processing technology. Books usually fail to provide prompt answers and promptly as farmers or small planters could wish because of the richness of details and the reference to a variety of technologies including those for fruits other than those of the surpluses.

The authors aimed to make a guidebook, to give a general, practical and clear information about the processes of fruits including flow sheets and using a technical but simple and objective language.

The general information may be a subsidy to help farmers to create new opportunities with primary or preprocessing units. These industries are alternative occupation that can be carried out whithout interference on the agricultural activity, the main vocation of the farm. Farmers alone or in association may increase their economical potentialities and at the same time supply other processing industries with preprocessed raw material in uniform and good quality.

Elements to help a basic viability study for the installation of an agroindustry are included. At the end a few recipes of desserts, sauces and liqueurs are presented and a list of a few specialized books complete the work which may be also useful for students.

THE AUTHORS

Agroindustrialización de frutas

Presentación

Las frutas son producidas para atender tanto la demanda industrial como la de producto al natural. En el primer caso, por ejemplo las naranjas son utilizadas en gran escala para la producción de jugo.

En el segundo caso, son generados residuos que, procesados, podrian agregar valores significativos a la propiedad agricola.

El aprovechamiento de estos residuos es una fuente frecuente de consultas de productores curiosos por saber como proceder cuando se proponen a cultivar determinada fruta. La respuesta es instalar medios para aprovecharlos con tecnologias apropiadas, que completen la industrialización de la materia prima. Existen innúmeras y excelentes fuentes bibliográficas que muestran con detalles el procesamiento de frutas, más estas fuentes ni siempre son accesibles o son extremamente complejas para atender rapidamente a las dudas de quien no esta muy familiarizado con los procesos tecnológicos.

Con el objetivo de que pueda servir de guía o orientación práctica, los autores presentan este trabajo, que resume, generaliza y facilita la comprensión sobre los procesos tecnológicos, posibilitando la ampliación del conocimiento, si deseado, ya que da referencias relacionadas al tema.

Con lenguaje técnica simple y objetiva, o através de esquemas, los autores tratan de dar una idea clara sobre el aprovechamiento de frutas además de proporcionar elementos para elaborar un estudio simplificado de viabilidad de la instalación de una Agroindustria. Por último, son dados algunos ejemplos de recetas de postres, salsas y licores elaborados con frutas.

LOS AUTORES

1

Considerações gerais

As frutas são alimentos que oferecem grande variedade de sabores e aromas. Compostas basicamente de água, contêm açúcares, vitaminas e sais minerais. Geralmente servidas como sobremesas, são indispensáveis para a saúde, mas, para aproveitar bem suas propriedades nutritivas devem ser consumidas quando estão perfeitamente maduras, ou seja, nem verdes nem passadas.

A maioria das frutas é composta de mais de 80% de água; elas tiram a sede, hidratam o organismo, alimentam, não engordam e dão prazer como o de "comer um doce". Os açúcares que elas contêm (sacarose, glicose e frutose) são fonte de energia e de fácil digestão. Outros elementos importantes de sua composição são os sais minerais e as vitaminas. As proteínas e gorduras são contidas em pequena quantidade, exceto em casos especiais, como o abacate, rico em óleo.

As frutas são tidas como portadoras de propriedades medicinais, estimulantes de funções gástricas e desintoxicantes do organismo.

O consumo de frutas ao natural deve ser estimulado com a criação de novas oportunidades de uso, tal como em lanches rápidos, em momentos de descanso do trabalho ou no lazer. O café da manhã é um momento propício para isso. É muito comum que esta primeira refeição do dia, que repõe energia depois das horas de sono sem ingestão de alimentos, seja composta de café com leite e pão com manteiga. Relativamente, não são muitas as pessoas que incluem cereais, ovos e produtos cárneos nessa refeição. A combinação de frutas frescas nela será salutar. Um copo de suco, uma fruta cítrica ou não, uma taça de salada de frutas, antes do café propriamente dito, parecem conferir ao organismo boa disposição para o início das atividades cotidianas.

No Brasil é possível encontrar diversos tipos de frutas durante a maioria dos meses do ano. Sendo um país de grande extensão e de climas variados, permite a cultura desde frutas tropicais, como abacaxi e manga, até as de clima temperado ou frio, como maçã, pêra e pêssego.

Ainda que não seja perfeitamente adequado, de acordo com alguns autores as frutas podem ser classificadas em cítricas (laranja, abacaxi, limão, caju, pomelos e tangerinas), não cítricas (maçã, pêra, banana, manga, melancia, melão e pêssego) e oleaginosas (abacate e frutas secas). Talvez fosse melhor dizer ácidas e não ácidas.

Com mínimas exceções, como a fruta-pão, as frutas podem ser consumidas ao natural, mas como em geral sua produção excede a capacidade de consumo nesse estado, elas podem ser utilizadas depois de submetidas a um processo de conservação ao natural, de transformação (polpas, sucos, doces, conservas e outros) ou de dessecação.

A industrialização de frutas pode ser examinada sob dois aspectos.

O primeiro é o cultivo de frutas com a finalidade principal de obtenção de produtos industrializados. Como exemplo, a produção de suco de laranja. A indústria é projetada e instalada ao mesmo tempo que é estimulada a produção de frutas para o abastecimento de matéria-prima.

No segundo caso trata-se de projetar instalações capazes de consumir vários tipos de frutas; são instalações polimodais, dotadas de equipamentos para manipular diferentes matérias-primas, cultivadas especificamente para industrialização, ou excedentes de safras destinadas ao comércio ao natural. Podem ser discutidas as instalações de nível caseiro, as de porte médio e os grandes empreendimentos.

O volume de produção depende da localização do empreendimento, do volume de matéria-prima e do mercado consumidor. A época de industrialização depende da época de produção das frutas, ilustrada na Tabela 1.

Tabela 1. Época de produção de algumas frutas de acordo com a Ceagesp.

	Jan.	Fev.	Mar.	Abr.	Maio	Jun.	Jul.	Ago.	Set.	Out.	Nov.	Dez.
Abacate	◆	◆	◆◆	◆◆	◆◆	◆◆	◆◆	◆	◆	◆		
Abacaxi	◆	◆						◆	◆			◆
Ameixa	◆◆	◆	◆							◆	◆	◆◆
Banana	◆	◆	◆	◆	◆	◆	◆	◆	◆	◆	◆	◆
Caju							◆	◆				
Caqui		◆	◆	◆	◆							
Figo	◆	◆	◆	◆								
Figo-da-índia	◆	◆	◆									
Fruta-do-conde		◆		◆	◆	◆						
Goiaba	◆	◆	◆	◆	◆	◆	◆	◆	◆	◆		
Jabuticaba*						◆◆			◆			◆
Jaca	◆	◆	◆	◆	◆	◆					◆	◆
Laranja	◆◆	◆◆	◆◆	◆	◆	◆	◆	◆◆	◆◆	◆◆	◆◆	◆◆
Limão	◆	◆	◆	◆	◆	◆	◆					
Maçã	◆	◆◆	◆◆	◆								
Mamão	◆◆	◆	◆	◆	◆	◆	◆	◆	◆◆	◆◆	◆◆	◆
Manga	◆◆									◆	◆◆	◆◆
Maracujá	◆	◆	◆◆	◆◆	◆◆	◆◆	◆					
Melancia	◆◆	◆	◆	◆	◆	◆					◆◆	◆
Melão	◆◆	◆	◆					◆	◆	◆◆	◆◆	◆◆
Morango						◆	◆	◆	◆	◆	◆	
Nectarina										◆	◆	
Nêspera					◆	◆			◆	◆		
Pêra	◆	◆										
Pêssego	◆										◆	◆
Tangerina				◆◆	◆	◆◆	◆	◆◆	◆			
Uva	◆◆	◆	◆									◆◆

◆ Meses de maiores produções, quando há matéria-prima o ano todo.
◆◆ Época de maior produção, com elevada diferença com relação aos outros meses.
* Produção não constante de ano para ano.

2

Tipos de processamento

O PROCESSAMENTO depende da espécie, da variedade e das características físicas das frutas, se são ricas em suco ou carnosas. De modo geral, ele se enquadra em processamento pelo calor, pelo controle de umidade e pelo frio.

▶ *Processamento pelo calor*

Pelo calor, as frutas podem ser usadas para a produção de compotas, néctares, purês, polpas, suco e xarope (conservas do grupo A) e para doces em calda, em massa, frutas cristalizadas e glacês, geleiadas, geleias, pastas e polpadas (conservas do grupo B).

▶ *Conservas do grupo A*

São assim denominadas as conservas de frutas com elevado teor de água, que exigem embalagem em recipientes herméticos e esterilização. De maneira geral, elas se enquadram nos tipos seguintes:

- Compotas, ou frutas em calda — As frutas, inteiras, cortadas, com ou sem sementes ou caroços, são submetidas a cozimento incipiente, envasadas em latas ou em vidros, praticamente cruas e recobertas com calda. Depois de fechados hermeticamente, os recipientes são submetidos a tratamento térmico adequado.
- Néctares — Devidamente preparadas, as frutas são passadas por peneiras, colocadas em recipientes, adicionadas de xarope de açúcar a 15°Brix, fechadas hermeticamente e esterilizadas.
- Polpas — Devidamente preparadas, as frutas são desintegradas, peneiradas ou não, colocadas em recipientes, fechadas hermeticamente e esterilizadas.
- Purês — São preparados como as polpas, diferindo delas porque após a desintegração são passadas por peneiras finas. Depois são colocadas em recipientes, fechadas hermeticamente e esterilizadas.
- Suco de frutas — Suco extraído por prensagem, pasteurizado, acondicionado em vidros ou latas ou caixas, ou adicionado de conservantes e envasado. Pode ser natural, concentrado, integral e clarificado.
- Xarope de frutas — Suco de frutas adicionado de açúcar até a concentração de 60% de sólidos em solução, ou adicionado de açúcar e concentrado até o nível de 60°Brix.

▶ *Conservas do grupo B*

São assim classificadas as conservas de frutas que após o processamento encerram um teor de sólidos em solução muito elevado. Geralmente a maior parte dos sólidos é constituída por açúcar adicionado. A alta concentração de sólidos permite sua conservação sem necessidade de embalagens herméticas. De maneira geral, elas se enquadram nos tipos seguintes:

- Doces de frutas em calda — Devidamente preparadas, as frutas são cozidas em xarope de açúcar até concentração adequada e depois embaladas e submetidas a tratamento térmico adequado.
- Doces em massa — São preparados com polpa desintegrada, com polpa desintegrada com pequenos pedaços de fruta, ou com suco e polpas, concentrados com açúcar até um ponto de corte, que adquirem por efeito da acidez, teor de açúcar e presença de pectina. Em geral se conservam bem, envasadas ou em invólucros, sem necessidade de tratamento térmico severo.
- Frutas cristalizadas — Frutas cozidas sucessivamente em xaropes de concentração crescente de açúcar e, ao final, mergulhadas em nova solução de açúcar quente de 70-80% de concentração, escorridas e postas a secar. Não necessitam de esterilização.

- Frutas glacês — Preparadas como frutas cristalizadas, porém recobertas de camada contínua de açúcar.
- Geleias — Obtidas com suco de frutas sem suspensão de sólidos e geleificadas com açúcar, em função de seus teores de acidez e de pectina.
- Geleiadas — Geleias obtidas com adição de frutas inteiras ou em pedaços, ou desintegradas.
- Pasta de frutas — Como doce em massa, porém menos concentrada.
- Polpadas — Polpas ou sucos concentrados com açúcar, de consistência pastosa, porque por deficiência de pectina não geleificam ou não dão consistência de corte.

▶ *Processamento pelo controle de umidade*

O processamento difere entre as frutas com muito suco e as carnosas.

O controle de umidade significa a redução do teor de água das frutas para conservá-las e pode ser efetuado por concentração, por secagem e por desidratação.

A concentração é efetuada por aplicação de calor sobre as frutas em tachos ou evaporadores, a pressão atmosférica ou sob vácuo, com consequente eliminação de parte da água de constituição e aumento do teor de sólidos em solução no produto de fruta. É usada na preparação e na conservação de sucos e polpas. Na preparação de doces em massa e em pasta, de geleias, geleiadas e polpadas ocorre concentração.

A secagem consiste na eliminação de parte da água de constituição, por exposição das frutas ao sol ou em secadores artificiais com aquecimento e com aquecimento com circulação de ar. Exemplo de secagem é o das passas de uvas e bananas e de figos e damascos secos.

A desidratação é um processo mais severo de secagem, com retirada de quase toda a umidade. Esta pode ser conduzida em secadores, por osmose, ou feita por liofilização. O processo osmótico consta da imersão das frutas em soluções aquosas de alta concentração de sais ou de açúcares. A liofilização é uma forma de desidratação sob congelamento, em temperaturas ao redor de –40°C; ainda é um processo caro, mas apresenta a vantagem de conservar muito melhor as características nutricionais.

▶ *Processamento pelo frio*

A vida útil das frutas pode ser preservada ou ampliada pelo frio, sob refrigeração ou por congelamento.

Pela refrigeração, as frutas são conservadas sem alteração de sua estrutura e sem variações nas características organolépticas, mas por curto período de tempo. A conservação sob refrigeração é feita em temperaturas de 0°C ou pouco superiores; em casos especiais, em temperaturas de –1°C a –2°C. Cada fruta necessita de uma temperatura específica para boa conservação; as frutas carnosas e as de muito suco se comportam diferentemente. A refrigeração é usada comumente para a comercialização ao natural, ou para conservar a matéria-prima para posterior industrialização.

A congelação conserva as frutas por mais tempo que sob refrigeração, porém, a estrutura física é alterada, por vezes profundamente. Ela se classifica em lenta e rápida.

O congelamento lento é conseguido em temperaturas abaixo de 0°C, comumente em congeladores a –18°C ou –20°C. O suco celular congela, com formação de cristais de gelo grandes, que prejudicam as características físicas. Algumas propriedades organolépticas também são afetadas.

Por meio de congelamento rápido são formados pequenos cristais de gelo, que causam menos prejuízos à estrutura física e às características organolépticas. Ele é conseguido por resfriamento em equipamento que permite o abaixamento a temperaturas de –40°C ou inferiores. O congelamento é muito rápido e o conteúdo celular não é significativamente alterado, porque há menor separação da água sob a forma de gelo. Congelação instantânea pode ser obtida, com melhores resultados, com a imersão das frutas em nitrogênio líquido, mas essa técnica ainda não está generalizada.

3

Produtos que podem ser obtidos com frutas

A UTILIZAÇÃO das frutas é ampla e variada, mas há muitas que não são industrializadas, porque lhes falta volume de produção ou cultivo sistemático. Entretanto, podem ser objeto de industrialização, dependendo da iniciativa e criatividade do produtor.

Entre as frutas que não são comumente usadas para industrializar, pode-se exemplificar com abio, araçá, cajá, jenipapo, groselha, lichia, murici, pequi, kiwi, rosélia e os chamados frutos secos, como a castanha-do-brasil, macadâmia, e as palmáceas. Algumas são usadas em nível regional, por vezes de forma artesanal, para venda congelada, como doces em calda, para obtenção de sucos ou polpa para sorvetes, para licores e para aromatizar destilados.

As formas de processamento estão voltadas em grande parte, senão totalmente, a obter produtos como os citados nas Tabelas 2 e 3, pois suas características são adequadas a algum dos tipos de processamento citados.

Tabela 2. Produtos que podem ser obtidos com algumas frutas.

Abacate	Doce em calda, congelado, fatias em conserva, óleo, polpa, purê
Abacaxi	Aguardente, compota, cristalizado, doce em calda, massa e em pasta, néctar, polpa, salada de frutas, suco, fermentado acético, fermentado alcoólico
Acerola	Congelada, polpa, suco, fermentado acético, fermentado alcoólico
Amora	Congelada, polpa, suco, fermentado acético, fermentado alcoólico, ao xarope
Anonas	Congeladas, néctares, polpas
Banana	Aguardente, compota, doce em massa, calda e em pasta, farinha e banana não madura, flocos, passa, polpa congelada, purê, salada, suco, fermentado acético, fermentado alcoólico
Caju	Aguardente, cajuína, castanha, compota, doce em calda e massa, passa (caju ameixa), suco, fermentado acético, fermentado alcoólico
Caqui	Compota, dessecado, doce em calda, fermentado acético
Carambola	Compota, doce em calda, passa
Cidra	Doce em calda (pedaços e ralada) e em massa
Coco	Copra, doce em calda, gordura, leite, óleo, pudim, ralado
Cupuaçu	Doce em massa e em pasta, geleia, geleiada, polpa, polpada, suco
Damasco	Compota, doce em calda, dessecado
Figo	Compota, doce em calda, cristalizado, figo "rami" (maduro), geleiada, polpada
Figo-da-índia	Compota, doce em calda
Goiaba	Compota, doce em calda, em massa (goiabada) e em pasta, flocos, geleia, geleiada, néctar, polpa, polpada, suco
Graviola	Como as anonas
Jabuticaba	Aguardente, compota (cascas), geleia, suco, fermentado acético, fermentado alcoólico
Jaca	Doce em calda, polpa
Laranja	Aguardente, cristalizada, doce em calda e em massa, pectina, suco, fermentado acético, fermentado alcoólico
Limão	Cristalizado, doce em calda
Maçã	Madura: aguardente, compota, desidratada, doce em calda e em massa, salada, sidra, fermentado acético Verde: "chips", molhos, picles
Mamão	Verde: doce em calda (pedaços e ralado), cristalizado Maduro: doce em calda, geleia, néctar, polpa, ao xarope
Manga	Compota, doce em calda e em massa, molhos, polpa
Maracujá	Geleia, suco
Marmelo	Compota, doce em calda, massa (marmelada) e em pasta, polpa
Melancia	Aguardente, doce em calda da polpa branca
Morango	Congelado, doce em calda, geleia, geleiada, polpa, polpada
Nêspera	Compota, doce em calda
Pêra	Aguardente, compota, doce em calda, néctar, polpa, purê, salada, fermentado acético, produto vinificado (sidra)
Pêssego	Compota, cristalizado, doce em calda, massa (verde), geleia, geleiada, polpa, polpada
Pitanga	Congelada, polpa, suco
Quincam (kunquat, kinkan)	Doce em calda, geleia, geleiada, polpada
Romã	Suco
Tamarindo	Polpa
Uva	Aguardente, bagaceira, geleia, geleiada, suco, fermentado acético, fermentado alcoólico
Uvaia	Doce em calda, congelada, polpa

Tabela 3. Produtos, em ordem alfabética, que podem ser preparados industrialmente com frutas.

Água	Coco
Aguardente	Praticamente todas; a aguardente produzida com maçã e pêra recebe a denominação especial de Calvados
Compotas	Abacaxi, banana, caju, carambola, caqui, cidra, damasco, figo-da-índia, figo maduro, figo verde, goiaba, jabuticaba (cascas), jambo, laranja, limões, maçã, mamão verde, manga, marmelo, nectarina, nêspera, pêra, pêssego maduro e verde, quincam, tangerinas
Congelados	Abacaxi, acerola, amora, anonas, mangaba, pitanga, umbu, uvaia
Conserva	Abacate em fatias
Cristalizados	Todas as que servem para preparar compotas
Dessecados	Ameixa, caqui, caju, carambola, damasco, figo maduro, maçã, uva
Doce em calda	Todos os citados para compota
Doce em massa	Abacaxi, cupuaçu, figo maduro, goiaba, marmelo, pêssego verde e em pasta
Farinha	Banana não madura
Fritura ("chips")	Banana e maçã não maduras
Geleia, geleiada	Abacaxi, amora, caju, cupuaçu, framboesa, figo maduro, goiaba, jabuticaba, laranja, limões, marmelo, morango, pomelo, quincam, tangerinas, uva
Leite	Coco
Licores	Jabuticaba, laranja, maracujá, tangerinas
Molhos	"Chutney" e "curry", produzidos originalmente com mangas não maduras, podem ser feitos com caju
Néctar	Anonas, banana, goiaba, maçã, manga
Óleo	Abacate, coco
Polpa e purê	Abacate, abacaxi, banana, goiaba e as frutas adequadas para preparar geleias
Polpada	Abacaxi, goiaba e as frutas adequadas para preparar geleias
Pectina	Laranjas, limões, maçã
Picles	Caju, maçã, manga e frutas carnosas firmes, não maduras
Pudim	Coco
Ralado	Coco
Salada	Abacaxi, ameixa, banana, goiaba, maçã, nêspera, pêra, uva
Sidra	Denominação especial de produto vinificado, de baixo teor alcoólico, feito com maçã e pêra
Sucos	Abacaxi, banana, caju, cupuaçu, graviola, laranja, limão, maçã, pêra, pomelos, romã, tangerina, uva
Vinagre*	Abacaxi, banana, caju, caqui, jabuticaba, laranja, maçã, pêra, tangerina, uva e outras adequadas para vinificar
Vinho**	Abacaxi, caju, jabuticaba, laranja, maçã, pêra, tangerina, uva
Xarope	Amora, coco, groselha, pitanga, rosélia, tamarindo, uvaia e outras frutas ácidas se prestam à produção de xaropes, para uso em refrescos, sorvetes, e em confeitaria

* Ver item 4.11 (página 39).

** Ver item 4.10 (página 38).

4

LINHAS DE PRODUÇÃO E TECNOLOGIA DE FABRICAÇÃO

A POLPA é o produto obtido por esmagamento das partes comestíveis de frutas carnosas por processos tecnológicos adequados. Deve ser preparado com frutas sãs, limpas e isentas de parasitos e detritos animais ou vegetais.

4.1. POLPA DE FRUTAS

A polpa não deve conter fragmentos das partes não comestíveis da fruta, nem substâncias estranhas à sua composição normal, exceto as previstas na legislação. Seu aspecto é de pasta mole, com características de cor, aroma e sabor próprios da fruta.

As frutas mais comumente utilizadas sob a forma de polpa são goiaba, abacaxi, marmelo, caju e mamão, que serão utilizados como matéria-prima para outras indústrias como, por exemplo, doces em massa, geleias, alimentos infantis, complementação de outros alimentos, tais como sorvetes e leites ácidos.

▶ *Tecnologia*

As frutas maduras são escolhidas, lavadas e passadas, sucessivamente, por desintegradores providos de peneiras, convenientemente calibradas, para retirar células duras, material fibroso e sementes. A polpa assim obtida é embalada em recipientes, que são hermeticamente fechados e, depois, submetidos a esterilização e resfriamento, para serem armazenados para uso. O simples congelamento da polpa é outra forma de conservar, e nesse caso não sofre esterilização.

▶ *Equipamento mínimo necessário*

As linhas completas podem ser adquiridas no mercado nacional e constam de: balanças, tanque ou condutor de lavagem, mesa ou transportador para seleção e preparo, despolpadeiras, cortadores, "finisher", embalagem, túnel de exaustão, recravadeira, esterilizador e resfriador.

4.2. Geleia de frutas

Pela legislação, é o produto obtido pela cocção de frutas, inteiras ou em pedaços, polpa ou suco de frutas, com açúcar e água e concentrado até consistência gelatinosa. Como as polpas, deve ser preparada com frutas sãs, limpas, e obedecer às demais características, incluindo não-fermentação.

Por definição tecnológica, são sucos de frutas livres de sólidos em suspensão que geleificam devido à presença de pectina e adequadas concentrações de açúcar e ácido. Há uma diferença entre este produto e o obtido apenas por cocção das frutas em presença de açúcar, denominado, pelos tecnólogos, de polpada.

Os sucos são obtidos por prensagem ou cocção da polpa em presença de ácido e filtração posterior. A polpa separada por filtração, em alguns casos, permite a produção de doce em massa.

▶ *Tecnologia*

As frutas são colocadas em transportador ou mesa, selecionadas e lavadas. Se ricas em caldo, são prensadas; se carnosas, são cortadas, despolpadas e, em seguida, cozidas em presença de água e ácido e depois prensadas e filtradas para separação do caldo claro sem sólidos em suspensão. O caldo claro, após teste de pectina, é adicionado de açúcar e submetido a concentração por aquecimento. Conforme a fruta, poderá haver necessidade de adição de ácido e de pectina.

▶ *Equipamento mínimo*

Balanças, tanque ou condutor de lavagem, mesa ou transportador para seleção e preparo, despolpadeiras, “finisher” ou moinho coloidal, tacho para cozimento, recipiente para resfriamento e sistema de envasamento.

4.3. Doce em pasta

É o produto obtido pela cocção de frutas, tubérculos ou rizomas, com açúcar e água, e concentrado a quente até consistência pastosa.

▶ *Tecnologia*

Os doces em pasta são obtidos pela concentração por aquecimento da polpa de fruta com adição de açúcar. Conforme a fruta, poderá haver necessidade de adição de ácido e de pectina. Os produtos mais comuns no Brasil são goiabada e marmelada, mas podem ser produzidos com laranja, caju, abacaxi, banana, pêssego e cupuaçu.

A fabricação tem início selecionando, lavando e cortando as frutas, passando-as previamente por despolpadeiras e, em seguida, transferindo-as para tachos onde serão adicionadas de açúcar e aquecidas com ácido e pectina, se for o caso, até concentração adequada.

▶ *Equipamento mínimo*

Balanças, tanque ou condutor de lavagem, mesa ou transportador para seleção e preparo, despolpadeiras, tacho para cozimento, formas e sistemas de embalagem ou envasamento.

4.4. Compota

É o produto obtido de frutas inteiras ou em pedaços, com ou sem sementes ou caroços, com ou sem casca, e submetidas a cozimento incipiente, envasadas em lata ou vidro, praticamente cruas, cobertas com calda de açúcar. Depois de fechado em recipientes herméticos, o produto é submetido a um tratamento térmico adequado. As exigências quanto às características da matéria-prima são as mesmas dos produtos anteriores.

▶ *Tecnologia*

As frutas são selecionadas, lavadas, descascadas ou não, cortadas ou não, usadas com ou sem remoção de sementes ou caroços, envasadas em recipientes herméticos com adição de xarope de açúcar, leve ou denso, e submetidas ao cozimento.

▶ *Equipamento mínimo*

Balanças, tanque ou condutor de lavagem, mesa ou transportador para seleção e preparo, envasamento, tanque diluidor de açúcar, túnel de exaustão e tacho de cozimento.

4.5. Doce em calda

É o produto obtido de frutas inteiras ou em pedaços, com ou sem sementes ou caroços, com ou sem casca, cozidas em água e açúcar, envasado em latas ou vidros e submetido a um tratamento térmico adequado. As exigências quanto às características da matéria-prima são as mesmas dos produtos anteriores.

▶ *Tecnologia*

A preparação começa como para as compotas, mas, em vez de envasar com xarope, faz-se a cocção das frutas em xarope leve até que este adquira concentração adequada pelo aquecimento. A seguir são envasadas a quente e hermeticamente fechadas.

▶ *Equipamento mínimo*

Balanças, tanque ou condutor de lavagem, mesa ou transportador para seleção e preparo, diluidor de açúcar, tacho para cozimento e equipamento para envasamento.

4.6. Fruta cristalizada

É a fruta que, por processos tecnológicos adequados, teve parte de sua água substituída por xarope simples e sua superfície recoberta por uma camada de cristais de açúcar.

▶ *Tecnologia*

O preparo é por cocção sucessiva das frutas em xarope de açúcar até que este adquira uma alta concentração. O último cozimento é feito em um novo xarope de açúcar puro, de alta concentração (70-80°Brix). A seguir é feita a drenagem do xarope e resfriamento natural para a cristalização do açúcar em volta das frutas.

Basicamente, as frutas cristalizadas são preparadas como doces em calda, mas o xarope é mais concentrado e depois é drenado. Resta a fruta apenas com o xarope aderente, que, em concentração adequada, cristaliza ao esfriar.

▶ *Equipamento mínimo*

Balanças, tanque ou condutor de lavagem, mesa ou transportador para seleção e preparo, diluidor de açúcar, tacho, peneiras, tabuleiros ou estufas para secagem.

4.7. Fruta seca ou dessecada

É o produto obtido pela perda parcial da água da fruta madura, inteira ou em pedaços, por processos tecnológicos adequados. As exigências quanto às características da matéria-prima são semelhantes às dos produtos anteriores.

É uma forma de conservar frutas não usual no Brasil, mas viável técnica e economicamente. No Estado de São Paulo, as bananas passas são produzidas em escala modesta no litoral.

▶ *Tecnologia*

As bananas, em grau de maturação adequado, são descascadas, tratadas com antioxidante e secas em estufas.

A secagem de banana verde permite a produção de farinha de banana.

▶ *Equipamento mínimo*

Balanças, tanque ou condutor de lavagem, mesa ou transportador para seleção e preparo, estufas e sistemas de embalagem.

4.8. Néctar

É o produto não fermentado, não gaseificado, obtido da parte comestível da fruta (polpa e suco), diluído com água potável e adicionado de açúcar e ácido, destinado ao consumo direto. A legislação estabelece as características para a matéria-prima e para o produto.

▶ *Tecnologia*

Prepara-se a partir da polpa com adição de açúcar e água em proporções adequadas para obter a concentração e o sabor desejados.

▶ *Equipamento mínimo*

Balanças, tanque ou condutor de lavagem, mesa ou transportador para seleção e preparo, cortadores, despolpadora, "finisher", recipiente para adição de ácidos, açúcares e aditivos, diluição e homogeneização, túnel de exaustão, envasador, recravadora e esterilizador ou pasteurizador.

4.9. Suco

É o líquido límpido ou turvo extraído da fruta, por meio de processo tecnológico adequado, não fermentado, de cor, aroma e sabor característicos, submetido a tratamento que assegure a sua apresentação e conservação até o momento de consumo. Os sucos podem ser naturais, concentrados e desidratados. Os naturais geralmente são conservados por pasteurização ou adição de conservantes permitidos pela legislação; os concentrados são conservados congelados e os desidratados, em embalagens impermeáveis à umidade.

▶ *Tecnologia*

Prepara-se de acordo com a fruta que será empregada. Os sucos mais comuns são os de abacaxi, caju, laranja, maracujá e uva, cada um com um aspecto particular, motivo pelo qual não se apresenta um esquema geral.

O suco de maçã começa a ganhar importância comercial.

4.10. Vinho

Pela legislação brasileira, vinho é o produto obtido pela fermentação alcoólica do suco de uvas frescas. Os produtos obtidos por fermentação alcoólica do suco de outras frutas que no passado recebiam nome de vinho, obrigatoriamente identificados pela denominação da fruta que os originou, hoje são denominados fermentados alcoólicos da fruta. Assim, fermentado alcoólico de laranja, de abacaxi, de jabuticaba, de caqui, de amora e outros. As maçãs são usadas largamente para produção de um produto fermentado de baixa concentração alcoólica, de características bem definidas, denominado sidra, que pode ser obtido com mistura de suco de pêras.

As frutas com abundância de suco são adequadas para a produção de fermentados alcoólicos. Todas, entretanto, exigem correção com açúcar para obter concentração alcoólica suficiente para sua conservação.

A produção, a aceitação e o consumo de vinho são crescentes, mas não há uma perspectiva de produção de fermentado alcoólico de frutas em larga escala; seu consumo se limita a determinadas regiões e alguns núcleos populacionais específicos. Fermentados alcoólicos de laranja foram produzidos em escala comercial durante e logo após a Segunda Guerra Mundial; os fermentados de abacaxi também foram comercializados no Nordeste.

A sidra é um caso especial. Há algumas fábricas e espera-se que, com o aumento da produção de maçãs no país, haja maior utilização industrial para a produção de produto vinificado.

Fermentados alcoólicos de frutas poderão ser produzidos com o propósito de obtenção de fermentados acéticos e aguardentes.

▶ *Tecnologia*

O suco de fruta é extraído, pré-clarificado por coa, decantação, tratamento enzimático ou tratamentos conjugados, corrigido em sua acidez e teor de açúcar, inoculado com leveduras e fermentado. Durante o processo sofre uma série de trasfegas para a eliminação das borras que vão se formando. Ao final é clarificado e engarrafado. Para boa conservação deve conter de 10,5 a 12% de álcool em volume.

▶ *Equipamento mínimo*

Extratores de suco (despolpadores, moinhos, espremedores ou outros), coadores, centrífugas ou ambos, dornas de fermentação, recipientes para trasfegas, clarificação e armazenamento, lavadoras de garrafas, filtro, enchedora, arrolhadora e rotuladora.

4.11. Vinagre

É o produto resultante da fermentação acética do vinho. Outros líquidos alcoólicos são suscetíveis à fermentação acética, permitindo a obtenção de produtos com características similares às do vinagre quando produzidos com fermentados alcoólicos de frutos diversos.

O fermentado acético deve ser produzido com fermentados alcoólicos de boa qualidade e, como o vinagre, não deve conter substâncias estranhas à sua composição normal, exceto as previstas pela legislação.

Fermentado acético de álcool é o produto proveniente da fermentação acética de uma mistura de álcool etílico convenientemente diluído e adicionado de elementos nutritivos para os fermentos acéticos. O produto comumente designado por "vinagre de álcool" é preparado com álcool etílico retificado limpo, isento de matéria terrosa e detritos animais e vegetais. Não deve conter substâncias estranhas à sua composição normal, exceto as previstas na legislação.

Como agroindústria, o fermentado acético pode ser produzido como resultado do aproveitamento de excedentes de pomares. Para tanto há necessidade de fabricar o fermentado alcoólico e armazená-lo para preparar o acetificado ao longo do ano.

Os fermentados alcoólicos para a produção de fermentados acéticos de frutas não necessitam de correção de açúcar para aumentar o teor de álcool. Podem ser obtidos pela fermentação direta do suco da fruta, mas devem ser adequadamente clarificados para a obtenção de acetificado de boa qualidade. A sua pasteurização é conveniente, para eliminar parasitos e microrganismos que podem deteriorar o material armazenado.

▶ *Tecnologia*

Um líquido alcoólico com 5 a 10% de álcool em volume, em repouso, contendo nutrientes adequados, em presença de bactérias acéticas, tem seu álcool lentamente oxidado a ácido acético. Esse processo leva à obtenção de fermentado acético de boa qualidade, mas é lento.

O processo mais usado é o da fermentação rápida, pela qual o líquido alcoólico ajustado a uma concentração adequada é passado por tonéis contendo um material de enchimento, que serve de leito para as bactérias oxidantes do álcool, ao mesmo tempo que possui uma ampla área de contato com o ar.

O líquido alcoólico escoa lentamente por esse meio de contato e o álcool vai sendo oxidado pelas bactérias em presença do ar. O produto acetificado é retirado pela base dos tonéis.

▶ *Equipamento mínimo*

Para produção de fermentado acético de frutas são necessários recipientes para fabricar o fermentado alcoólico e para a produção do acetificado.

São necessários: dornas de fermentação, tonéis para trasfega, tonéis para armazenamento, vinagreiras, recipientes para armazenar o acetificado, bombas, máquina de lavar garrafas, filtros, enchedora, arrolhadora, pasteurizadora e rotuladora.

4.12. Aguardente

É obtida pela destilação de sucos de frutas fermentados por ação de leveduras alcoólicas, ou seja, pela destilação de vinhos de frutas.

Algumas frutas podem produzir teor razoavelmente alto de metanol. Por isso, devem ser fermentadas e destiladas cuidadosamente para reduzir sua quantidade no destilado.

▶ *Tecnologia*

O vinho tecnológico obtido pela fermentação alcoólica é destilado imediatamente. O suco extraído é coado e não precisa ser clarificado nem adicionado de açúcar. Em seguida é submetido a fermentação, com grande quantidade de leveduras, para se obter um vinho em curto período de tempo, ao contrário dos vinhos propriamente ditos, que serão consumidos como tal. Depois de fermentado o suco é submetido a destilação em alambique ou em coluna.

▶ *Equipamento mínimo*

Extratores de suco, coadores, dornas de fermentação, destilador, tonéis de armazenamento e de envelhecimento, lavadora de garrafas, enchedora, arrolhadora e rotuladora.

4.13. Licores

São bebidas obtidas pela mistura de água, álcool, açúcar e princípios aromáticos extraídos de partes de vegetais e, como tais, as frutas prestam-se à sua preparação. Boas formulações, escolha adequada dos ingredientes e discernimento para manipulá-los de forma a produzir bebida delicada, agradável e de características organolépticas harmoniosas é uma arte.

Os licores podem ser classificados em naturais e artificiais. Os naturais são os destilados de sucos vegetais fermentados, denominados de espíritos; são as aguardentes de vinho, de frutas, de cana e de grãos. Os artificiais são os licores propriamente ditos, obtidos pela mistura de espírito aromático com álcool, água e açúcar e, em certos casos, adicionados de corantes; comumente contêm de 12 a 30% de açúcar e de 25 a 50% de álcool.

São bebidas preparadas com álcool diluído ou com aguardente, de sabor e aroma agradáveis conferidos por substâncias aromáticas e adoçadas com açúcar.

Os licores fabricados com frutas são feitos por destilação e por maceração.

Pela qualidade, os licores são classificados em comuns, finos e superfinos, de acordo com a proporção de álcool e de açúcar em sua composição.

▶ *Licores obtidos por destilação*

Nestes licores, os aromas são obtidos por destilação de material previamente submetido a maceração ou digestão. Os licores destilados contêm toda a parte aromática da matéria-prima empregada e são normalmente isentos dos óleos essenciais livres, que em geral comunicam sabor áspero e causam turvação.

▶ *Licores obtidos por maceração*

É frequente o uso dos termos maceração, infusão, digestão ou difusão para designar operações quase similares. Maceração é a colocação de material sólido em um líquido para que este se impregne dos princípios solúveis e aromáticos contidos no sólido. É a forma mais antiga e praticamente a única seguida nas preparações domésticas, porque não exige aparelhagem especial; é infusão sem uso de calor e requer longo tempo de contato para a fixação de aromas. É usada quando a matéria-prima é afetada pelo calor, ou quando seus componentes são facilmente solúveis a frio, e é o método mais aconselhável para a preparação de ratafiás, de licores que devem ser coloridos e da maior parte dos amargos.

A fabricação de licores é operação delicada que exige muito cuidado para a obtenção de bons produtos e inicia pela qualidade da matéria-prima e pela maneira de usá-la e tratá-la, porque cada uma participa da composição em proporções convenientes e com suas propriedades características. A limpidez e a qualidade dos licores produzidos dependem do cuidado na manipulação e da escolha das substâncias empregadas e estão diretamente associadas à capacidade do licorista de saber combinar convenientemente os aromas para obter produto agradável e de composição constante.

▶ *Matérias-primas*

Os licores são misturas de álcool, água e açúcar. É indispensável empregar álcool de primeira qualidade, retificado, puro, de preferência fino ou neutro, açúcar refinado, água potável ou destilada, partes vegetais recentes e bem conservadas, frutas e sucos irrepreensíveis e corantes de perfeita inocuidade.

O álcool a ser usado deve ser um destilado neutro de alta graduação alcoólica (95 a 96% em volume, correspondente a 92% em peso), que em todas as formulações é diluído com água a 80-85° Gay Lussac. As aguardentes com teor alcoólico ao redor de 50% extraem os aromas, porém afetam o buquê com os componentes secundários que não são eliminados na destilação em alambiques e por isso devem ser evitadas, mesmo em preparações domésticas.

A sacarose é o edulcorante comum e o mais barato e é recomendado que sua adição seja feita sob a forma de xarope, solução aquosa concentrada de açúcar, em lugar de adição direta de sacarose, porque permite a obtenção de licores mais suaves e delicados.

É comum o uso de xaropes obtidos pela dissolução a quente de 1,8 kg ou 1,23 kg de sacarose em um litro de água, preparado por adição do açúcar na água em ebulição e agitando sempre.

As substâncias aromatizantes são as frutas inteiras ou seus sucos.

Em geral a mistura dos materiais deve ser a frio, para melhor qualidade do produto final, com o açúcar adicionado sobre o álcool aromatizado pela maceração, de preferência sob a forma de xarope, que já inclui a água na mistura.

▶ *Clarificação dos licores*

Os licores devem ser transparentes e límpidos. A turvação de um licor acabado é decorrência de preparação imperfeita e, mesmo que seja um néctar, será rejeitado. Para que ele fique transparente, límpido e brilhante, as impurezas são eliminadas com a clarificação, que envolve filtração e clarificação propriamente dita.

A filtração, feita após a maceração, é a separação das partículas pela passagem do líquido por peneira, malha, chapa perfurada ou superfície porosa. O processo de filtração varia de acordo com o líquido e o grau de remoção necessária.

Os filtros de camurça são bons para separar óleos essenciais, que também podem ser retidos em fibras de algodão colocadas em funil. São usados os filtros de papel, os de pasta de papel, papel e amianto e lã de vidro. As pastas filtrantes requerem o uso de funis próprios e aparelhamento para produzir vácuo, bomba ou trompa.

A clarificação propriamente dita é caracterizada por decantação dos sólidos em suspensão. Há decantação natural, mas quando é demorada é conveniente acelerá-la pela adição de agentes que induzem a precipitação do material coloidal. Este método, denominado colagem, é o mais comum, por adição de cola de peixe, gelatina ou albumina (clara de ovos), seguida de decantação e filtração. Em certos casos é preciso adicionar um material mais ativo, como bentonita, caolim e argilas especiais.

- Albumina, ou clara de ovo — Boa colagem para licores de maceração e outros turvos ou leitosos por efeito de óleos voláteis ou substâncias resinosas. É feita com três claras para 100 litros do licor, batidas em água e adicionadas ao licor sob agitação. Deixar em repouso por 24 a 48 horas para decantação e filtrar.

- Cola de peixe — Dissolver 10 g de cola de peixe moída bem fina em pequena quantidade de vinho branco ou de água, à qual se adiciona pequena quantidade de vinagre. Agitar de vez em quando, adicionando mais vinho ou água avinagrada até obter próximo de 1 litro. Depois da dissolução total, verter a cola sobre 100 litros do licor, agitar vigorosamente durante 10 minutos e deixar repousando por vários dias. Boa colagem para licores muito alcoólicos.
- Gelatina — Dissolver 30 g de gelatina por litro de água aquecida, juntar a 100 litros do licor, bater fortemente e deixar repousando vários dias, ao fim dos quais decantar e filtrar. Bom para licores brancos pouco alcoólicos.
- Leite — É um bom coadjuvante de clarificação, aconselhado para licores pouco alcoólicos. Adicionar 1 litro de leite fervente em 100 litros de licor, agitar vigorosamente e juntar imediatamente 15 g de alúmen dissolvido em um copo de água. Bater de novo e deixar repousando por vários dias para decantar e filtrar em seguida.
- Argilas e bentonitas — São adicionadas aos líquidos a clarificar em proporções de 2 a 10 g por litro. Como não são solúveis, devem ser colocadas em água por um período de 10 ou mais minutos para se embeberem e formarem como um barro; depois homogeneizar, adicionar a um volume aleatório e a todo o volume do licor a clarificar, deixar em repouso para sedimentar, trasfegar e filtrar.

▶ *Equipamento mínimo*

Destiladores, recipientes de vidro, aço inoxidável ou de plásticos inócuos para fazer a mistura dos ingredientes, fogões, frascos diversos, facas, espumadeiras, panelas, filtros, prensas para frutas, peneiras de materiais e malhas diversas, areômetros de Brix, refratômetros, alcoômetros de Gay Lussac ou ponderais, conta-gotas, balanças e outros.

4.14. Frutas ao espírito ou em aguardente

Pouco conhecidas e usadas no Brasil, são produto apreciado em outros países e constituem uma conserva de frutas com adição de açúcar. Há pêssegos, abacaxi, cidra, cerejas, pêras, uvas (em geral de polpa dura), ameixas e tangerinas preparados ao espírito.

Para o preparo, em primeiro lugar as frutas devem ser bem escolhidas, carnosas, perfeitamente sadias, bem conformadas e colhidas antes do amadurecimento completo e sem sinais de murchidão, para garantir sua firmeza e boa conservação.

A limpeza ou lavagem antes do processamento para eliminar sujidades é um cuidado essencial. Após a lavagem, as frutas devem ser secas por simples exposição ou sob corrente de ar, sem choques, para evitar danos físicos.

As frutas carnosas devem ser picadas profundamente com agulhas, para facilitar a penetração do álcool, e depois submersas em água gelada para que fiquem mais firmes. Com algumas frutas é recomendável fazer branqueamento para reduzir ou eliminar o sabor ácido. Em linhas gerais, sua elaboração segue os seguintes passos:

1. Escolher os frutos, carnosos e colhidos antes da maturação completa.
2. Eliminar toda sujidade.
3. Fazer branqueamento em água a 95°C, por tempo suficiente para eliminar ar, inativar enzimas, manter a cor e a firmeza. Esfriar em seguida, de preferência com água gelada. Após o perfeito resfriamento a água é escorrida, os frutos são deixados em repouso sobre tecido ou tela para secar e depois colocados em um recipiente com aguardente, que deve ter alta graduação alcoólica, de 53 a 58% de álcool em volume, reservada a mais forte para frutos mais aquosos.
4. O conjunto de fruta e aguardente é deixado em repouso por um período de aproximadamente seis semanas, ao fim do qual é feita a adição de açúcar. Os frutos são retirados da aguardente, escorridos e dispostos cuidadosamente em frascos, onde serão de novo recobertos com a aguardente em que foram macerados, previamente adicionada de 125 a 250 g de açúcar por litro, completamente dissolvido no líquido alcoólico. Os licoristas recomendam que as frutas sejam adoçadas à medida que a conserva seja solicitada, para evitar que percam a cor e a firmeza.

Outra forma de preparo, mais cara, é mergulhar as frutas logo depois do branqueamento em xarope pouco concentrado (12°Brix) quente, deixar repousando por 24 horas e refazer essa operação até três vezes com xarope cada vez mais concentrado até 36°Brix. Em seguida adicionar 320 mL de álcool a 85% de álcool em volume e 187 g de açúcar por quilo de fruta. Os frutos confeitados não absorvem tanto álcool como os não confeitados.

A conserva também pode ser feita mergulhando as frutas três vezes em xarope e recobrindo com suco da fruta clarificado, adicionado de 320 mL de álcool a 85% de álcool em volume e 187 g de açúcar por litro.

Frutas previamente confeitadas, já encontradas em calda ou xarope, podem ser usadas direta e mais economicamente, apenas fazendo sua cobertura com aguardente de 53 a 58% de álcool em volume.

▶ *Equipamento mínimo*

Recipientes de vidro, aço inoxidável ou de plásticos inócuos para fazer a mistura dos ingredientes, fogões, frascos diversos, facas, panelas, filtros, provetas, areômetros de Brix, refratômetros, alcoômetros e balanças.

4.15. Fermentados alcoólicos de citros

O aproveitamento das sobras de pomares é uma forma de agregar valor à exploração citrícola e uma das maneiras adequadas será produzir fermentados alcoólicos.

A bibliografia sobre fermentação alcoólica de citros não é rica, embora o "vinho de laranja" tenha sido popular em algumas regiões citrícolas, sob competente orientação técnica, para a obtenção de produtos de boa qualidade.

Os fermentados alcoólicos de citros são fabricados por algumas comunidades, preparados empírica, artesanal e tradicionalmente, apreciados no local, mas sem generalização de consumo, porque sua qualidade varia muito e sua apresentação é restrita às comunidades, sem os resultados econômicos que poderiam propiciar.

As laranjas de diferentes variedades devem estar no ponto de amadurecimento, evitando-se as próximas da senescência. As boas laranjas são as que contêm elevado teor de açúcares totais e boa acidez, portanto no ponto em que a relação Brix/acidez se encontra de 14 a 16.

Os fermentados alcoólicos de laranjas com baixa acidez, embora de suco suscetível a boa fermentação alcoólica, não apresentam boas qualidades organolépticas como as mais ácidas. Em geral a acidez titulável do caldo deve estar próxima de 11 g por litro, expressa em ácido tartárico, por similaridade com a determinação de acidez das uvas.

Em geral, fermentados alcoólicos de laranjas pêra e de tangerinas têm boas características de paladar e aroma.

As laranjas possuem riqueza média em açúcares totais e para a fermentação devem ter seu caldo corrigido para a obtenção de fermentado alcoólico com características de vinho licoroso.

Assim sendo, o fermentado alcoólico é obtido com um mosto fortemente adoçado e o produto obtido, embora de sabor e aroma de boa qualidade, é quase um fermentado alcoólico artificial de fruta.

Essa condição levou à realização de experiências, que continuam sendo feitas, para a fabricação de bebida alcoólica de baixo teor, fermentada para obter produto com grau alcoólico similiar ao das sidras, complementado por gaseificação natural ou artificial. Esse produto ainda é experimental, mas é considerado de importante potencial para o aproveitamento de pomares e de laranjas como excedentes de produção.

Como consequência, a produção de fermentados alcoólicos de citros abrirá um horizonte para a indústria de fermentados acéticos.

A produção de fermentado alcoólico de citros, como de qualquer outro fermentado alcoólico de frutas, abre também perspectivas para a produção de fermentado alcoólico fortificado e doce, similar ao produto obtido com uvas e denominado jeropiga.

▶ *Equipamento mínimo*

Extratores de suco, coadores, recipientes para fermentação e trasfegas, filtros, recipientes para armazenamento do produto acabado e envelhecimento, lavadora de garrafas, enchedora, arrolhadora e rotuladora.

4.16. Subprodutos

Algumas frutas permitem que sejam preparados outros produtos, decorrentes da própria industrialização.

Da laranja pode-se obter, concomitantemente ao preparo de sucos e geleias, o melaço cítrico, o óleo essencial, a pectina e rações para animais. Em linhas gerais, são obtidos a partir da casca, do albedo e do bagaço.

5

FLUXOGRAMAS GERAIS DOS PROCESSOS

Os fluxogramas a seguir ilustram as operações gerais de diferentes processamentos.

5.1. Polpa de frutas

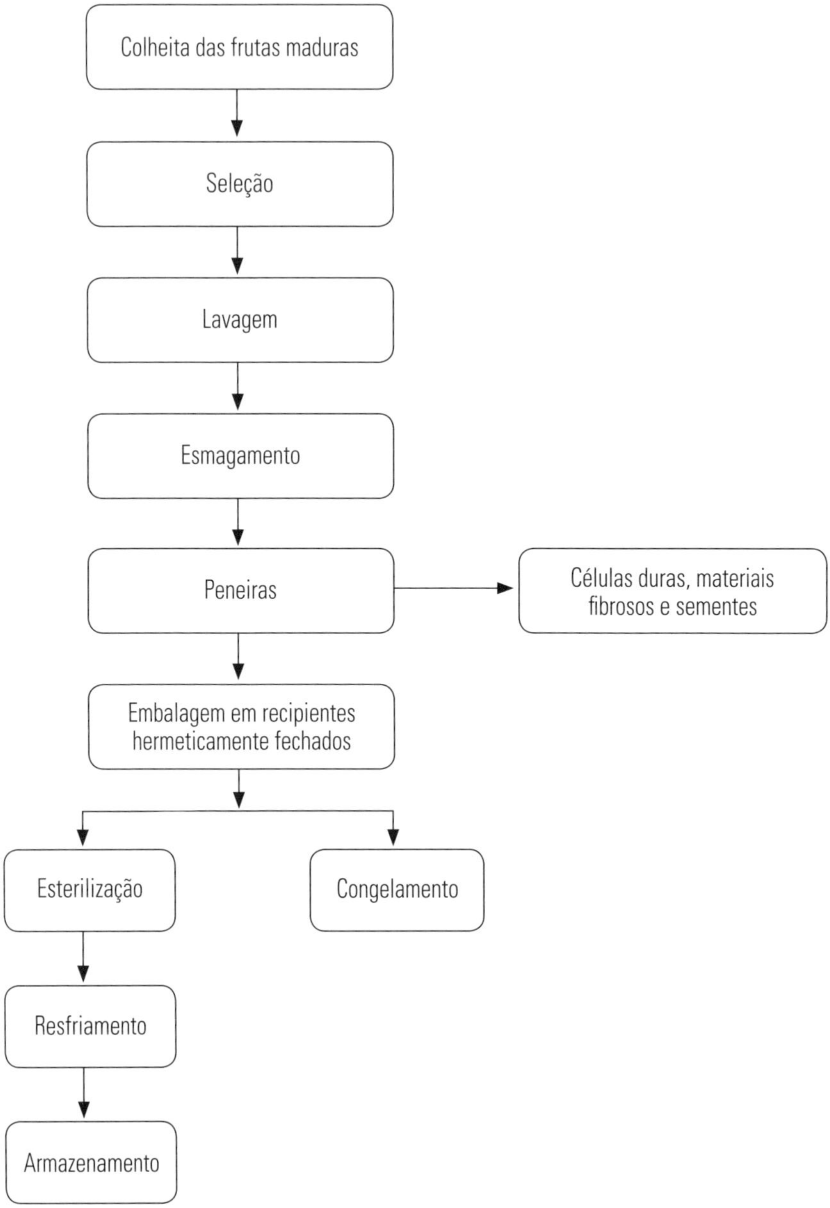

5.2. Geleia de frutas

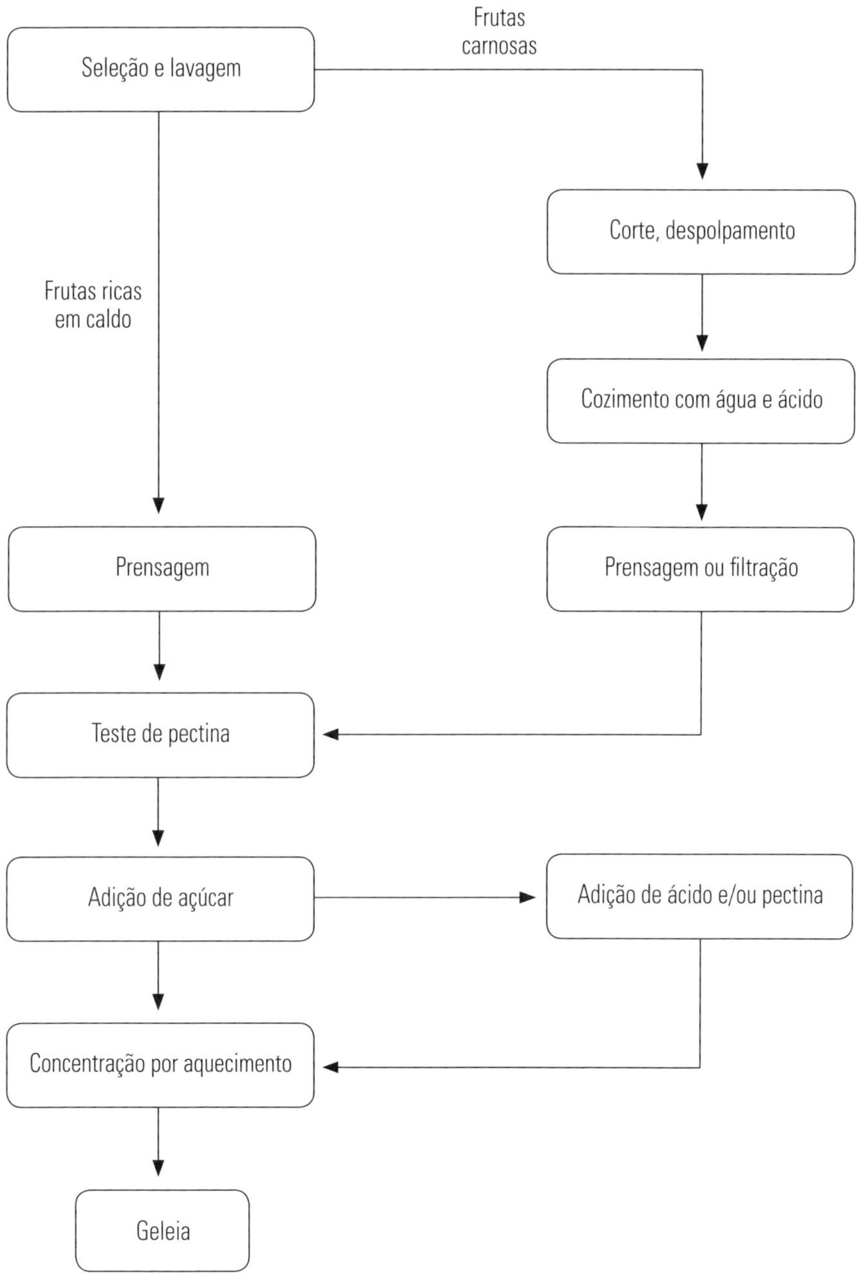

5.3. Doce em pasta

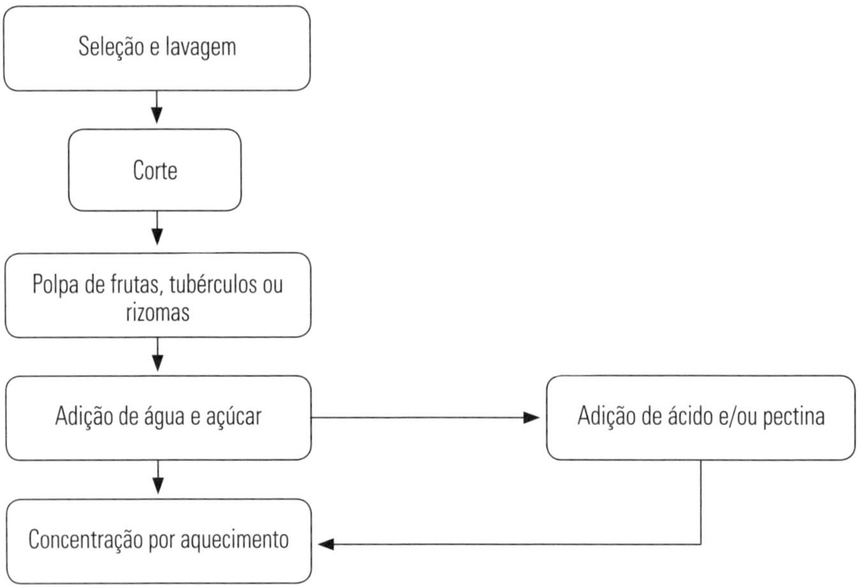

5.4. Compota

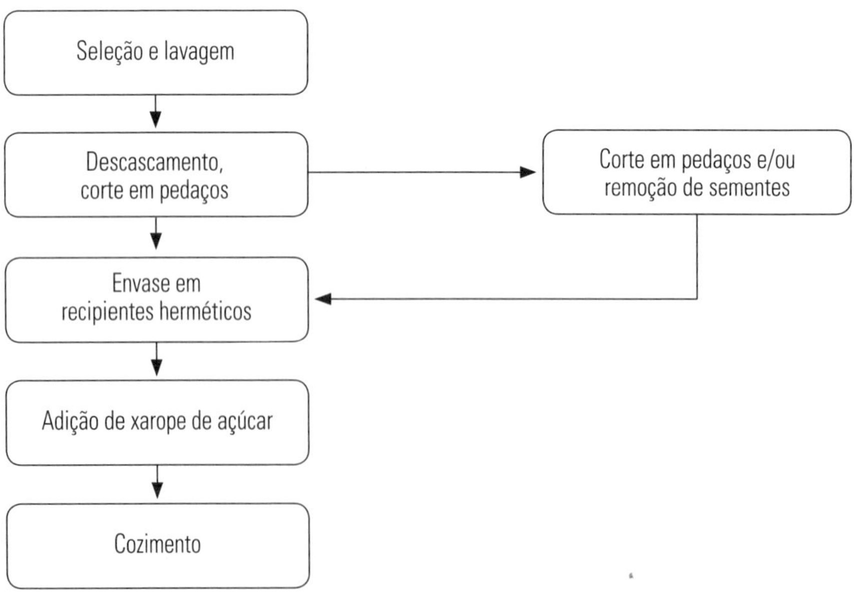

5.5. Doce em calda

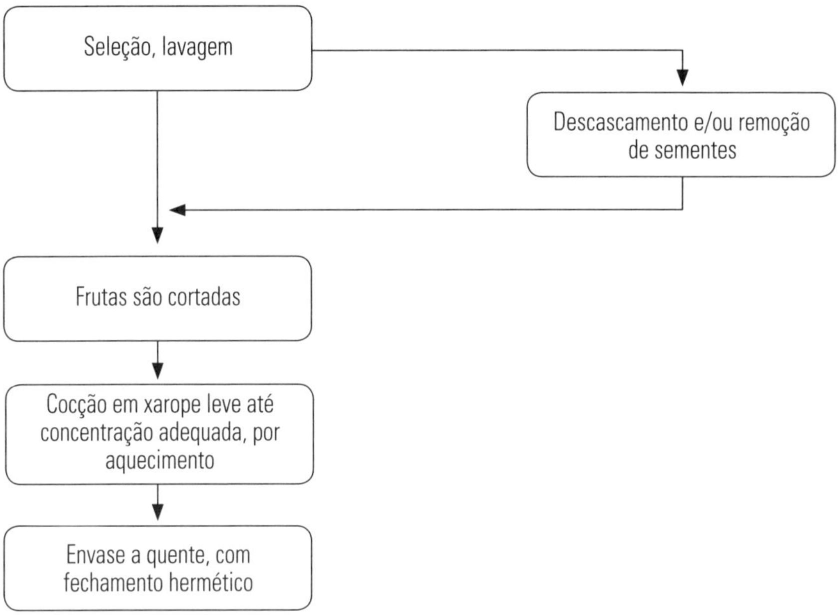

5.6. Frutas cristalizadas

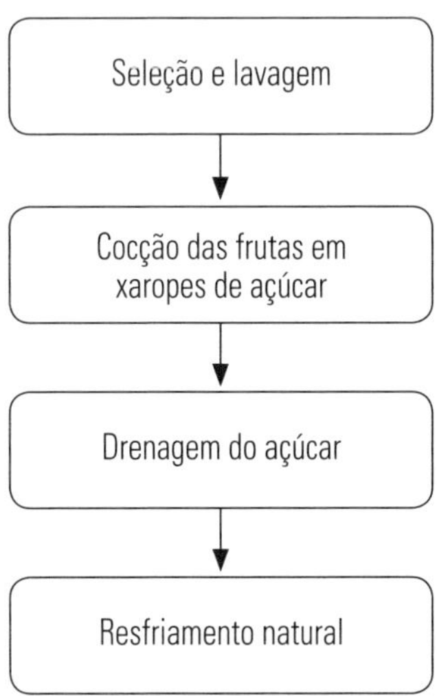

5.7. Frutas secas ou descascadas

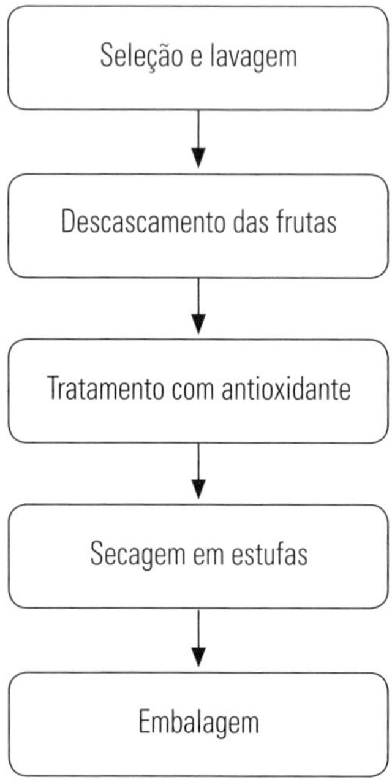

5.8. Néctar

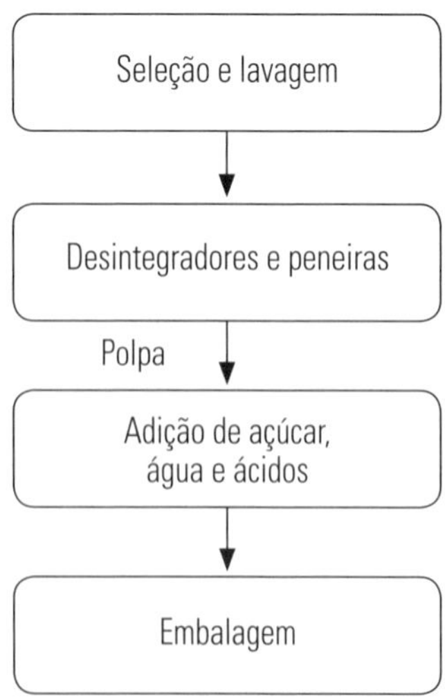

5.9. Suco

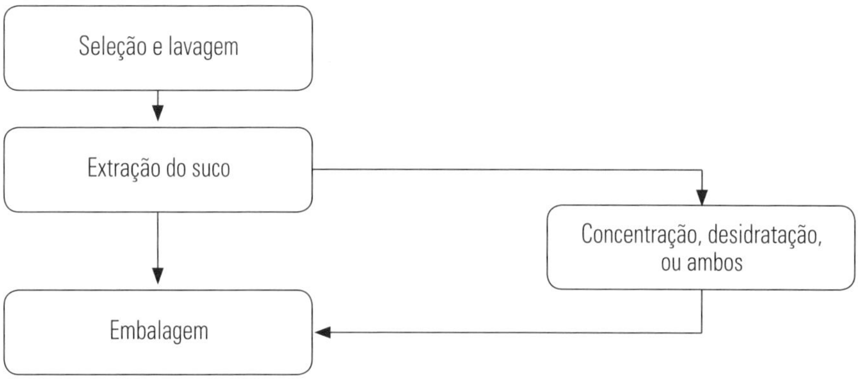

5.10. Fermentado alcoólico

5.11. Fermentado acético

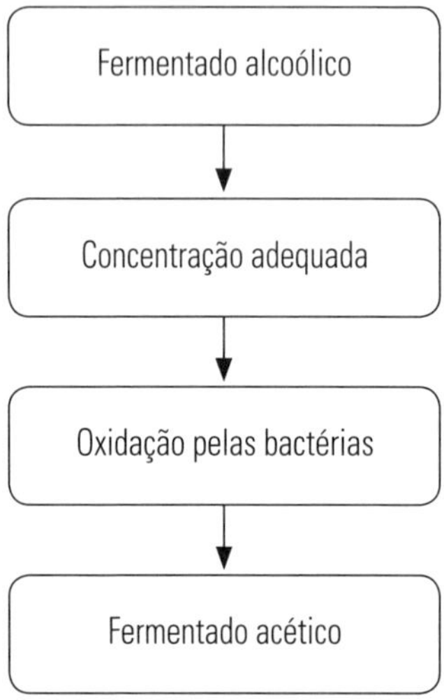

5.12. Aguardente

5.13. Licores

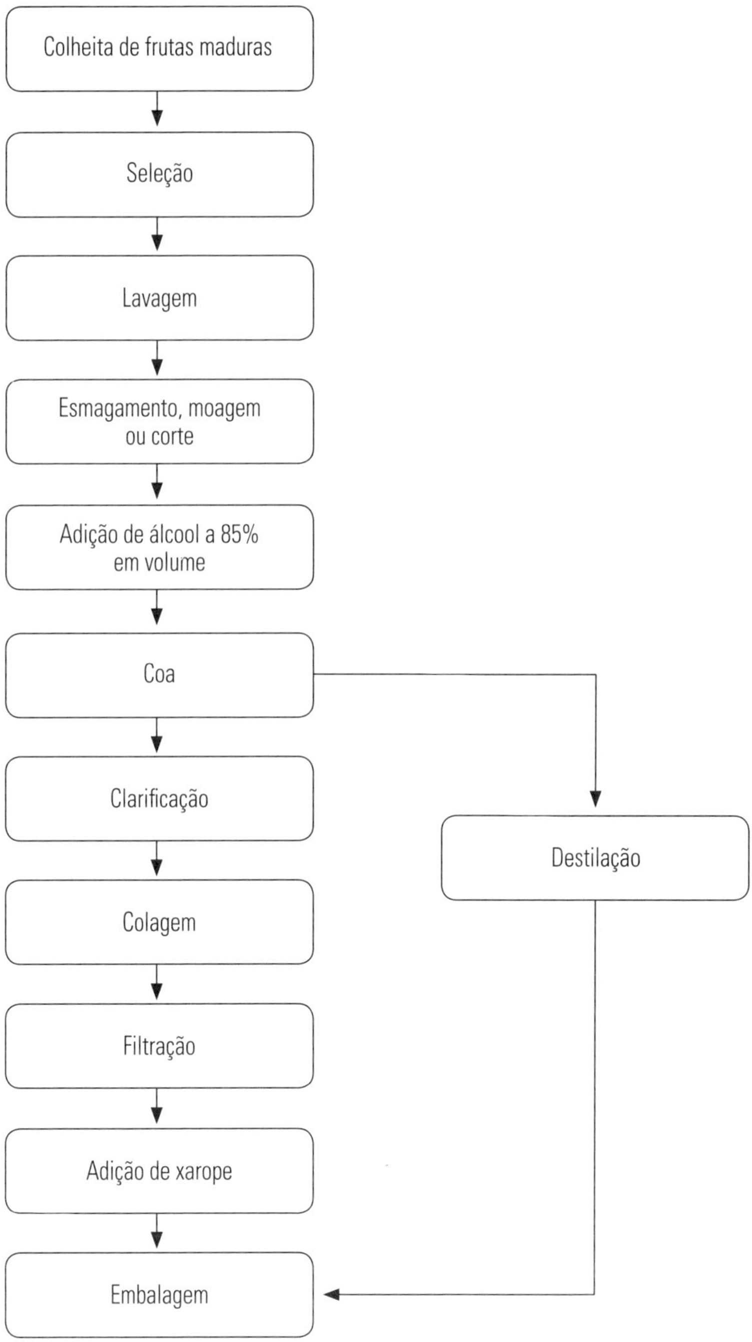
Colheita de frutas maduras
Seleção
Lavagem
Esmagamento, moagem ou corte
Adição de álcool a 85% em volume
Coa
Clarificação
Colagem
Filtração
Adição de xarope
Embalagem
Destilação

5.14. FRUTAS AO ESPÍRITO

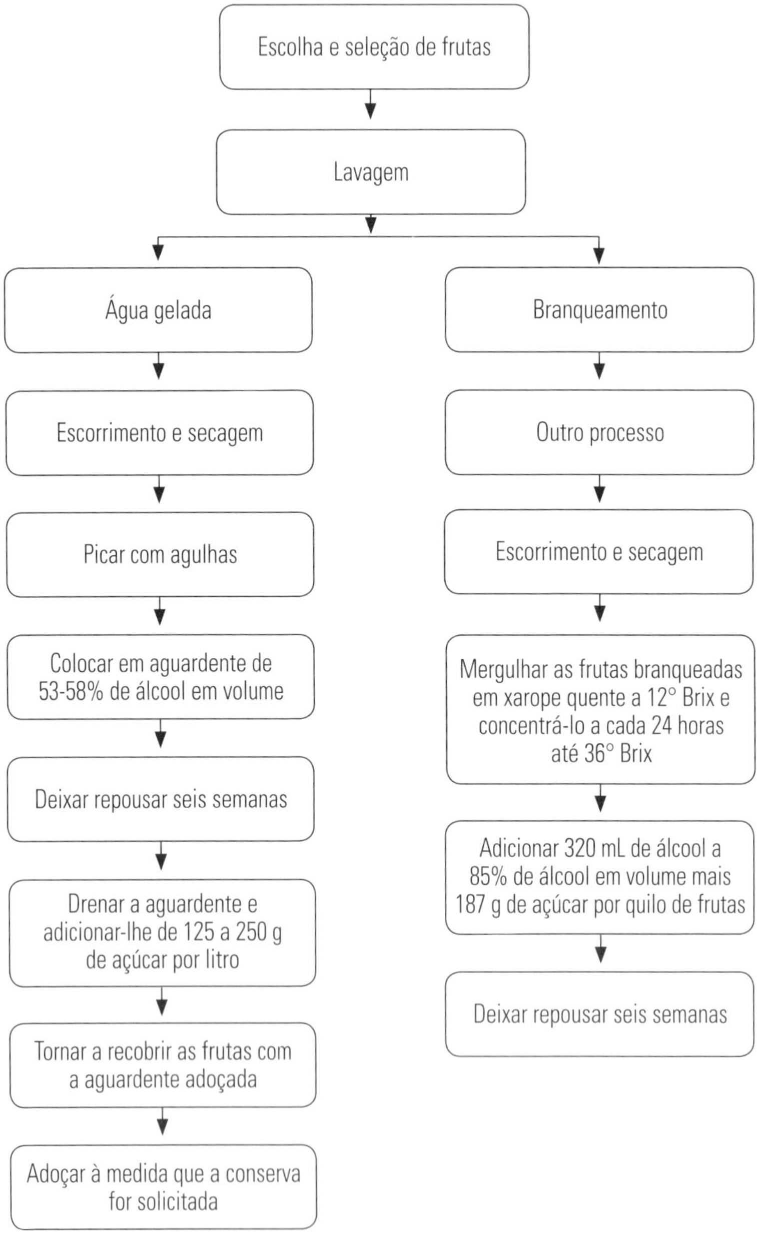

5.15. Fermentação de citros

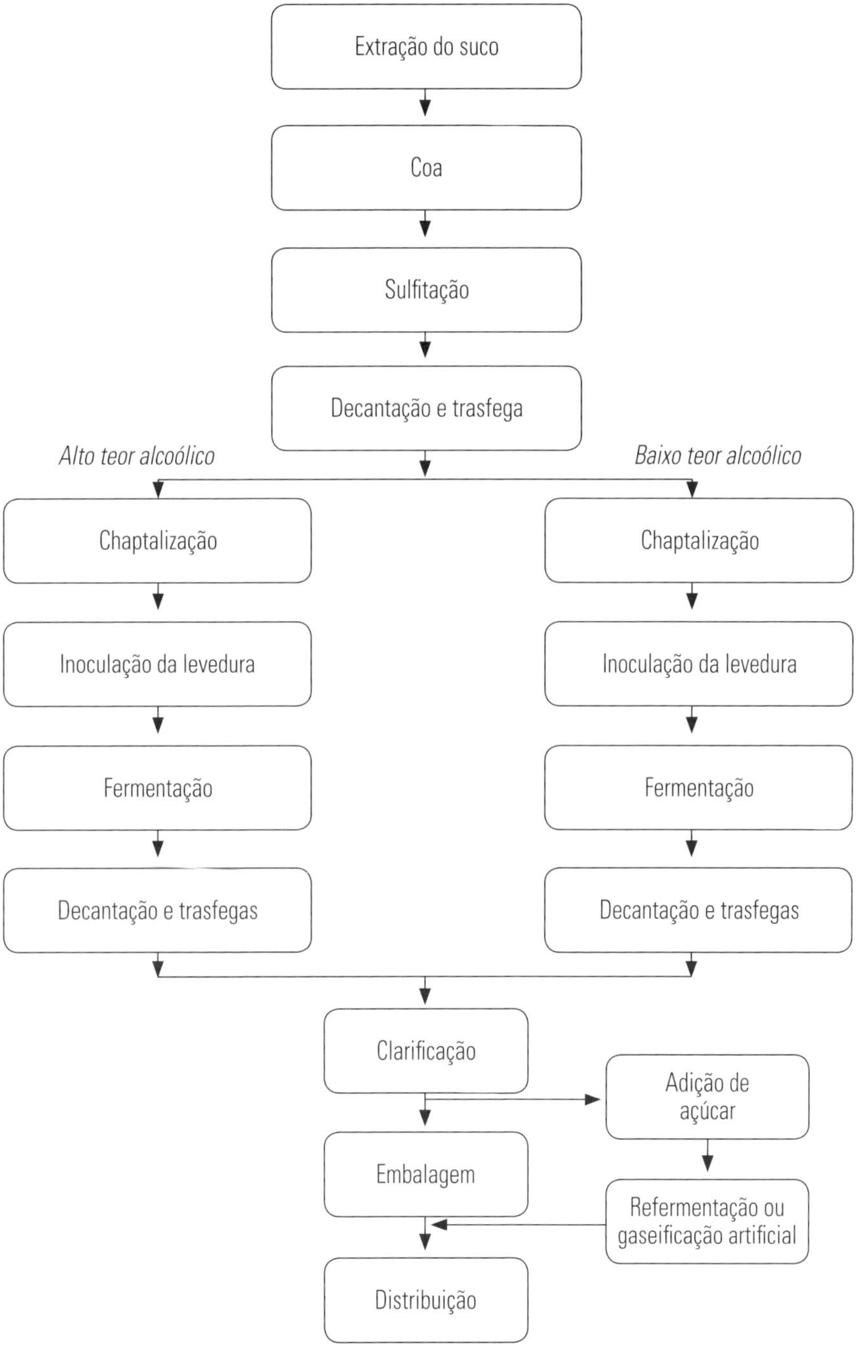

6

Goiaba

As goiabas são conservadas como compotas, doces em calda, em massa, em pasta, polpa e purê. Com a polpa podem ser feitos doce de massa e em pasta, néctar, geleia, geleiada e polpadas, que servirão para consumo ao natural ou para a preparação de sorvetes, aromatização de iogurtes, produtos de confeitaria e outros.

6.1. Goiaba

6.1.1. Polpa de goiaba

A polpa pode ser usada para produzir doce em massa e em pasta, néctar, suco, geleia, sorvete e como complemento de outros produtos.

Pode ser obtida por processos com e sem cozimento. Sua conservação é conseguida por congelamento, por embalagens assépticas ou por meio de aditivo químico.

Nota dos autores: Os parâmetros estabelecidos neste capítulo podem ser utilizados para o processamento de outras frutas.

Qualquer que seja o processo, o primeiro cuidado é fazer a seleção das frutas. Após a lavagem a que são submetidas é feita a separação das goiabas defeituosas, verdes, danificadas, podres, atacadas por insetos, para que não venham a afetar a qualidade do produto final. As características importantes da matéria-prima são: uniformidade de maturação, cor atraente, sabor e aroma bons e pequena quantidade de sementes. A preferência é pelas variedades de polpa vermelha colhidas no estádio de maturação firme. O transporte para o local de processamento é feito de maneira a evitar o esmagamento e o processamento deve ser realizado rapidamente, tanto quando possível dentro de 12 a 24 horas após a colheita.

▶ *Extração de polpa com cozimento da fruta*

As frutas selecionadas são cozidas e depois despolpadas. Os melhores processos de cozimento são por injeção de vapor e por aquecimento indireto em recipientes providos de camisa de vapor, nos quais o contato com o meio de aquecimento é de aproximadamente 5 a 10 minutos e a temperatura final do produto atinge 100°C.

A seguir as frutas são conduzidas para um despolpador provido de peneiras com orifícios de 1,5 mm. Além de produzir a polpa, são removidas as sementes e os restos florais da goiaba.

Depois é feito o acabamento da polpa em outro despolpador com peneira de malha de 0,5 mm, que separa células pétreas da casca e fibras contidas na polpa. A temperatura inicial após a passagem pelos despolpadores cai para perto de 70°C e, para garantir a conservação da polpa, é necessário reaquecê-la, também indiretamente, até atingir 90°C, para pasteurizar. A polpa é enlatada a quente em recipientes de fechamento hermético de 18 kg, resfriados e armazenados.

▶ *Extração de polpa sem cozimento da fruta*

As frutas selecionadas são desintegradas em moinho de facas ou de martelos ou esmagadas entre cilindros denteados e conduzidas ao despolpador para despolpamento e acabamento.

A polpa extraída deve ser desaerada em aparelho próprio, a vácuo, para eliminar o ar que se incorpora nas operações precedentes, cujo oxigênio contribui para alterar cor, aroma e vitamina C no produto final.

Em seguida é feita a pasteurização e a condução da polpa para acondicionamento ou outras fases de processamento.

▶ *Conservação por enchimento a quente*

Como a polpa de goiaba é ácida (pH próximo de 4), é possível conservá-la pela técnica de enchimento a quente. A polpa pasteurizada é acondicionada em embalagens à temperatura de pasteurização.

Normalmente os recipientes são latas de 18 kg, envernizadas internamente, mas o uso de embalagens menores de até 3 kg permite o fechamento mecanizado e facilita o resfriamento posterior. As latas de 18 kg devem ser invertidas durante 3 minutos para pasteurizar a tampa e depois conduzidas ao resfriamento sob chuveiro de água fria ou por imersão em tanque de água corrente para rápido resfriamento a 40°C.

Enquanto a polpa enlatada em recipientes de 18 kg é comercializada regionalmente, as latas de 3 kg podem ser exportadas.

▶ *Conservação por congelamento*

O congelamento da polpa extraída sem pré-cozimento é o processo de conservação preferível quando se trata de exportá-la ou reutilizá-la para produção de néctar e complemento de outros produtos, como sorvetes e iogurte.

A polpa pasteurizada é resfriada imediatamente ao redor de 0°C e em seguida acondicionada em embalagens de 50 a 200 kg e levada para câmara de congelamento a –40°C. As embalagens mais comuns são sacos de polietileno, colocados no interior de tambores metálicos ou de fibras. Também pode ser congelada na forma de escamas ou péletes, em aparelho especial, e depois acondicionada em caixas de papelão revestidas de polietileno.

O armazenamento da polpa congelada é feito a –18°C e suas características não se alteram por um período de doze meses, ou mais, se a temperatura de armazenamento se mantiver no nível recomendado, sem alterações, ainda que por curtos períodos.

▶ *Conservação por acondicionamento asséptico*

Esta forma de conservação da polpa oferece boas perspectivas de aplicação na elaboração de produtos, incluindo o potencial de exportação. Trata-se do tratamento térmico rápido em alta temperatura, conhecido internacionalmente pela sigla HTST (*high temperature short time*), que consiste em submeter a polpa a uma temperatura muito elevada por curto período, resfriamento rápido a próximo de 0°C e embalagem imediata em uma unidade asséptica, em condições de esterilidade e sem contato com o ar atmosférico. Esse processo permite o acondicionamento da polpa em embalagens de mais de 200 kg e estocagem à temperatura ambiente.

▶ *Conservação por processo químico*

A conservação é conseguida por adição de conservante químico, feita geralmente após o resfriamento da polpa à temperatura ambiente.

Os conservantes mais comuns são os ácidos sórbico e benzóico ou seus derivados de sais de sódio e potássio. O teor máximo dessas substâncias legalmente permitido para produtos de consumo direto é de 0,1% em peso. Nesta dosagem, a polpa, que apresenta pH em torno de 3,9 a 4,0, mantém-se conservada por seis meses à temperatura ambiente. É possível utilizar concentrações maiores para material que sofrerá posterior diluição, como no caso do néctar.

O dióxido de enxofre (SO_2), proveniente da dissociação do bissulfito ou metabissulfito de sódio ou de potássio, também é usado como conservante na fabricação de doces em massa ou em pasta. O SO_2 é quase totalmente eliminado durante a concentração do produto final. Como não é um conservante seletivo, sua ação é eficaz contra fungos, leveduras, bactérias e oxidação química. Pela legislação, o produto final pode conter até 100 mg/kg de SO_2 residual, quantidade que não altera o sabor e o aroma.

Essa técnica é adequada para a conservação de polpa parcialmente concentrada por evaporação a baixa temperatura.

Esse processo apresenta perspectivas de uso para consumo interno ou para exportação para países onde não há restrições ao uso de conservantes químicos.

6.1.2. Doce em calda

O doce em calda é obtido com frutas maduras, selecionadas, descascadas, cortadas em meias ou quartas partes, sem sementes, cozidas em calda de sacarose e, posteriormente, acondicionadas em embalagens adequadas. Após o fechamento hermético, as embalagens são submetidas a pasteurização por imersão em água em ebulição, por 10 a 20 minutos, e depois resfriadas em água corrente. Difere da compota de goiaba porque os pedaços das frutas são cozidos no xarope antes do enlatamento.

A preferência é pelas goiabas de polpa vermelha, tamanho uniforme e que possibilitem bom rendimento industrial. A colheita e o transporte das frutas obedecem ao mesmo critério descrito anteriormente.

A técnica de descascamento pode ser manual, química ou por abrasão.

▶ *Processamento*

Após o descascamento, a fruta é cortada em duas ou quatro partes com faca inoxidável e as sementes são removidas manualmente, também com colher de aço inoxidável.

Depois de cozidas, as fatias são drenadas e acondicionadas em embalagens envernizadas internamente e recebem nova calda quente, de 40 a 50% de sacarose e 0,25% de ácido cítrico. As embalagens são fechadas hermeticamente, imersas em banho de água fervente por cerca de 10 a 20 minutos e, a seguir, resfriadas em água corrente.

6.1.3. Compota

De início, o processamento é semelhante ao descrito para doce em calda de goiaba, porém as fatias são acondicionadas em latas, após o corte e a remoção das sementes, adicionadas de calda e submetidas à exaustão de ar em sistema de exaustão com vapor fluente, antes do fechamento hermético. Se a calda é adicionada fria, a exaustão é feita em câmara de vácuo, onde ocorre o fechamento hermético. As latas fechadas são imersas por 10 a 20 minutos em água em ebulição, ou pasteurizadas em sistema rotativo durante 4 minutos. Após a pasteurização são resfriadas até cerca de 37°C em água corrente.

6.1.4. Néctar de goiaba

A matéria-prima para o processamento do néctar é, geralmente, a polpa refinada ou purê de goiaba elaborados na safra da fruta.

Pela legislação brasileira vigente, o néctar é formado de polpa ou de suco de goiaba na proporção de 50% de cada um.

O néctar aquecido a 90°C é colocado em latas envernizadas que, depois de fechadas hermeticamente, são pasteurizadas por imersão em banho de água fervente por 10 a 20 minutos, ou em pasteurizador rotativo. Neste caso as latas recebem o néctar frio, são submetidas à exaustão em vapor fluente, fechamento hermético a vácuo, 3 minutos de aquecimento e, no final, resfriamento até a temperatura ambiente.

6.1.5. Goiabada

É um doce em massa obtido com pedaços de goiaba ou com a polpa processada com adição de açúcar e posterior concentração da mistura por evaporação sob aquecimento, até 70-75°Brix.

É um produto tipicamente brasileiro, com elevado teor de açúcar (acima de 70%), podendo apresentar pedaços da fruta (goiabada cascão).

A mistura, constituída de 50 a 60% de polpa e o restante de açúcar, é concentrada em tacho encamisado, até o teor de sólidos solúveis atingir 72°Brix. Nas pequenas fábricas, o cozimento e a concentração são feitos em tachos abertos e comumente por aquecimento a fogo direto.

O uso do concentrador a vácuo é vantajoso porque evita a queima e mantém melhor as características organolépticas do produto.

Após a concentração, o produto é embalado a quente, sem espaço livre, em latas, em caixas de papel aluminizado, ou em caixas de madeira revestidas com plástico ou papel celofane. As latas normalmente são chatas e cilíndricas, com capacidade de 800 gramas.

O empacotamento em celofane, em blocos de 400 ou 800 gramas, é feito após o acondicionamento prévio em formas de madeira para resfriamento e geleificação.

6.1.6. Geleia, geleiada

São produtos obtidos pela concentração da mistura de polpa ou do suco clarificado com açúcar.

Segundo a legislação brasileira, a geleia pode ser adicionada de pedaços de frutas frescas. A formulação comum apresenta 40% de polpa e 60% de açúcar. Essa mistura é aquecida em tacho até a concentração atingir por volta de 65% em sólidos solúveis e acondicionada a quente (80°C) em copos ou potes de 200 a 500 gramas de capacidade. Após o fechamento hermético é feito resfriamento sob chuveiro de água ou ao ar livre.

Para melhorar a consistência pode-se adicionar pectina até 1% em peso, em relação ao produto final.

6.2. Fluxogramas de processamento de produtos de goiaba

Os fluxogramas que se seguem ilustram as diferentes fases de alguns dos produtos descritos, obtidos com goiaba.

6.2.1. Polpa de goiaba com cozimento da fruta

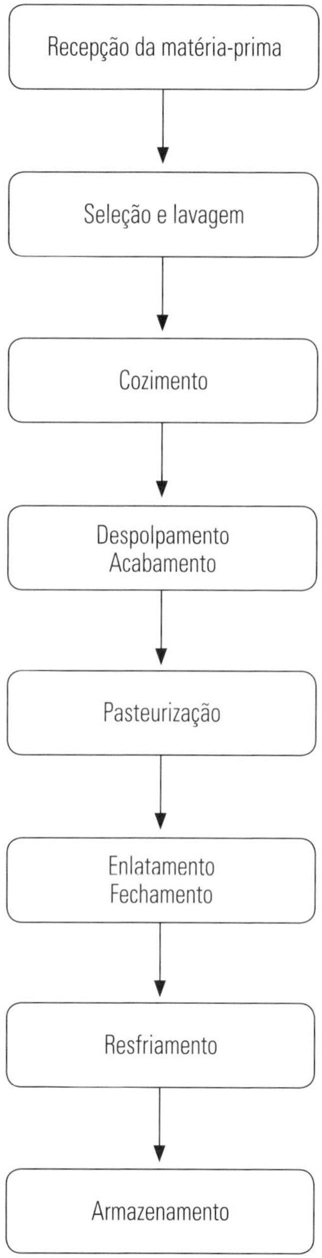

6.2.2. Polpa de goiaba sem cozimento da fruta

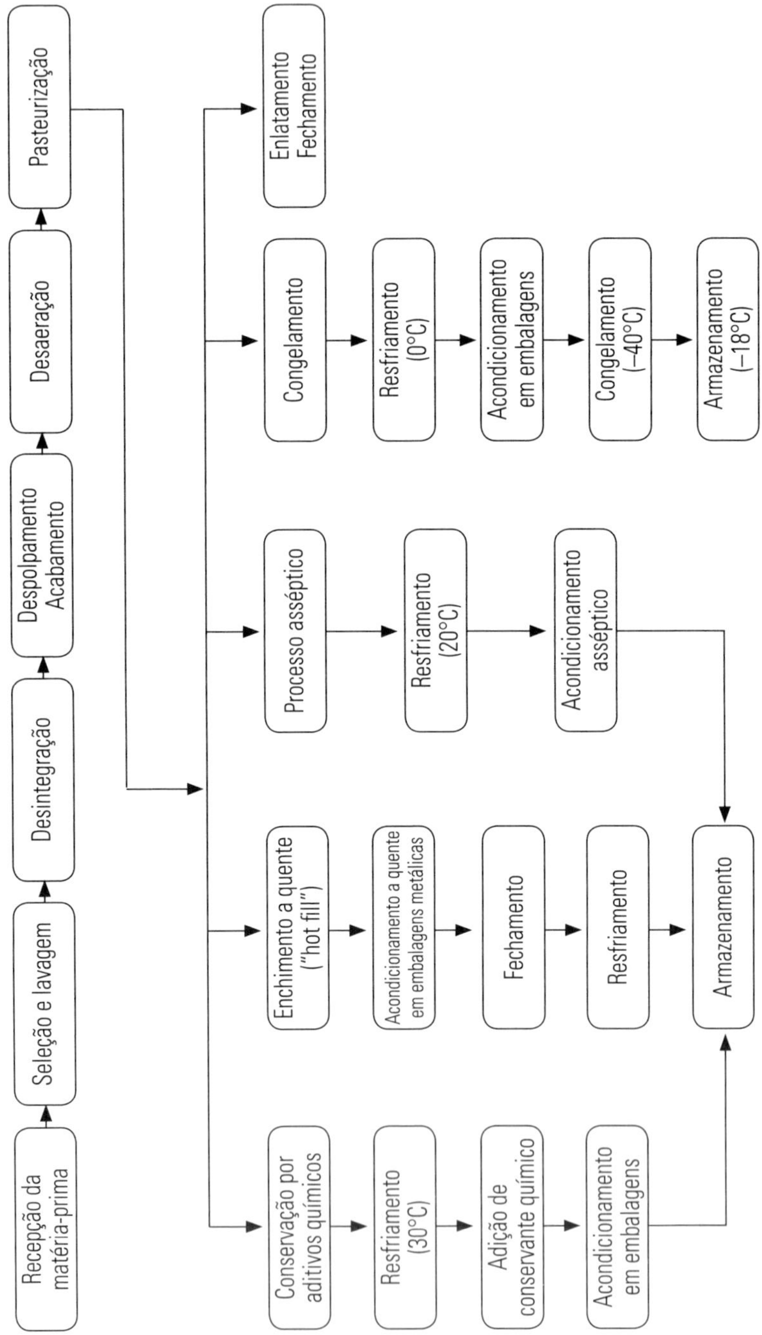

6.2.3. Compota de goiaba e goiaba em calda

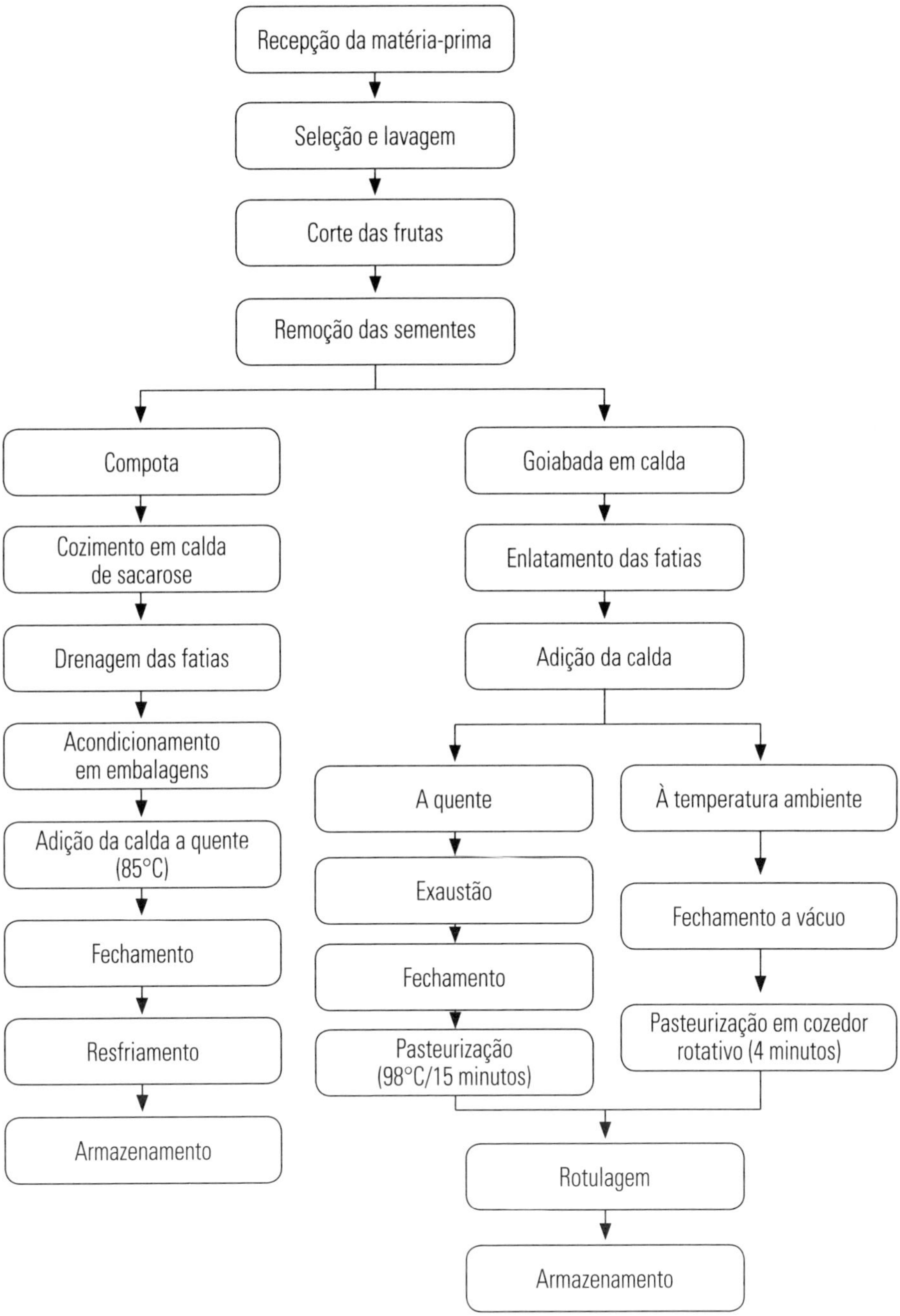

6.2.4. Néctar de goiaba

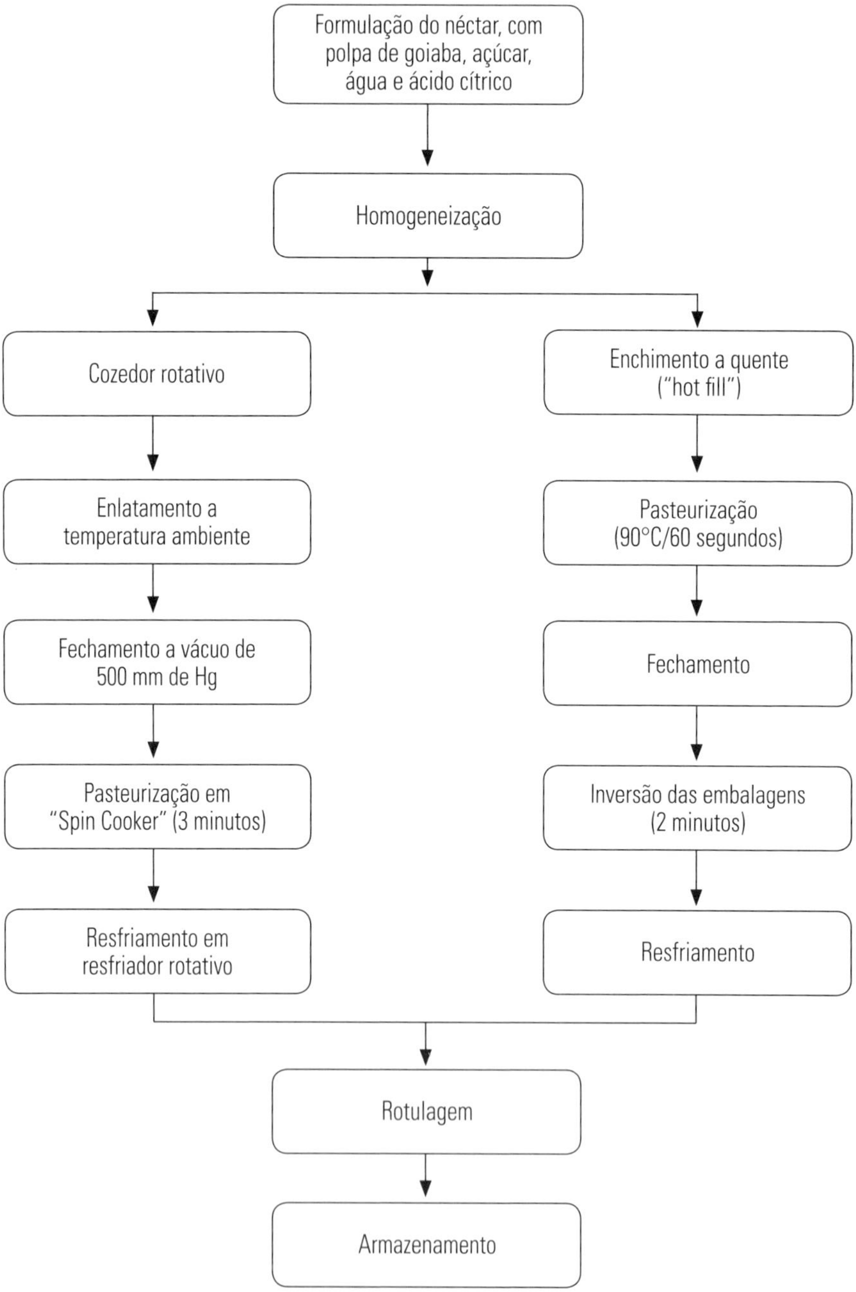

6.2.5. Goiabada

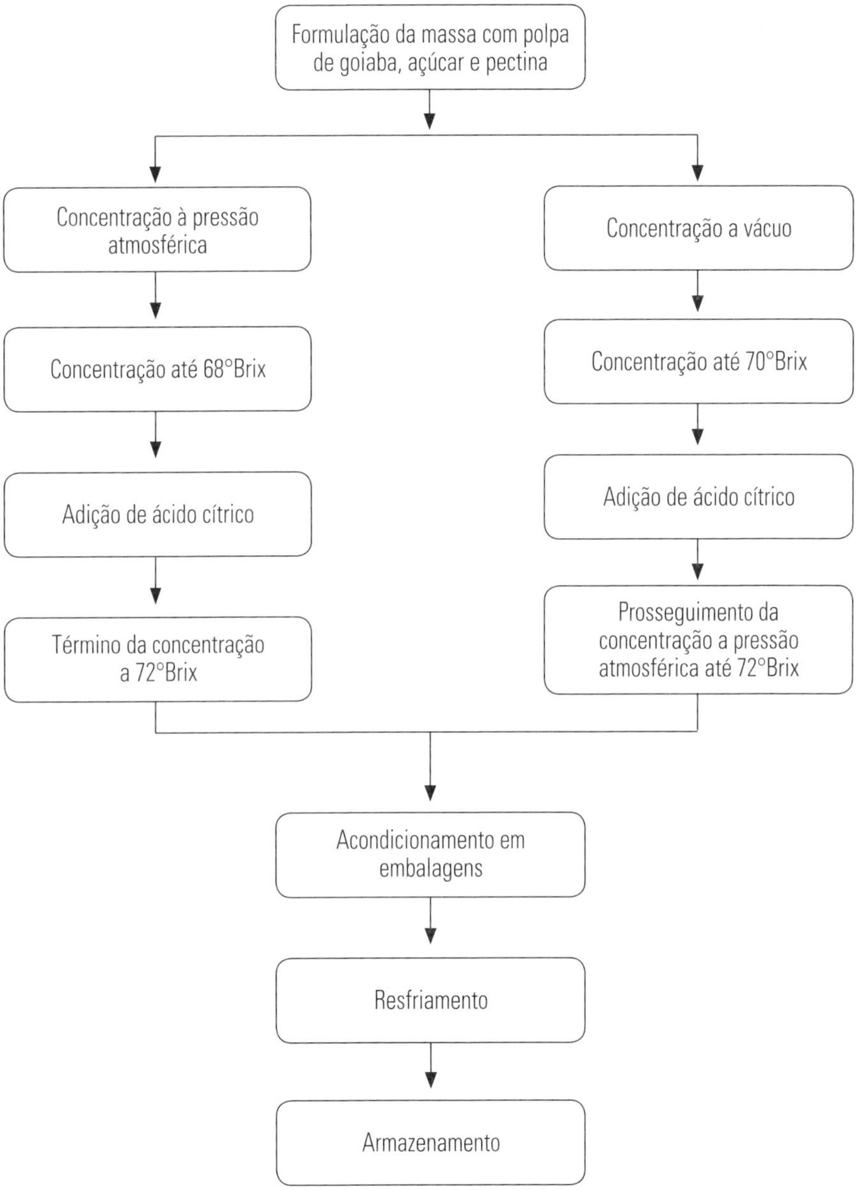

7

ABACAXI

As variedades cultivadas no Brasil pertencem às espécies Caiena e Branco de Pernambuco, ou Pérola.

▶ *Aproveitamento tecnológico*

Usado em larga escala para a produção de suco e frutas ao xarope, é adequado para a produção de compotas, doces em calda e cristalizados, geleiadas e polpadas. Para a produção de doces em massa e geleias há necessidade de adicionar pectina; as pastas e polpas são usadas para produção de sorvetes. Os excedentes de safra podem ser usados para vinificação, produção de fermentado acético e de aguardente.

▶ *Seleção*

A cor não é característica suficiente para a seleção porque varia muito de acordo com a qualidade; mesmo sem estar perfeitamente maduro, um bom abacaxi tem coloração uniforme. A maturação pode ser avaliada pelas folhas da coroa: o abacaxi pode ser colhido quando elas se soltam com facilidade.

Também é possível perceber o ponto pressionando com os dedos. Se ele estiver muito duro, ainda está verde; o amadurecimento completa-se com o armazenamento à temperatura ambiente e ao abrigo da luz. A fruta está excessivamente madura quando a casca apresenta manchas escuras e há partes amolecidas próximo à base.

Tamanho e forma uniformes são importantes, pois afetam a regulagem dos equipamentos, sobretudo no descascamento. Os abacaxis de forma cilíndrica proporcionam melhor rendimento.

O sabor varia, principalmente de acordo com as condições climáticas e com a maturação, que pode ser avaliada pela relação Brix/acidez total titulável.

A composição química dos abacaxis varia amplamente conforme a época, mas a colheita pode ser uniformizada através de indução química do seu florescimento e uso de amadurecedores.

Em geral, o abacaxi não contém amido nem mesmo quando verde e possui 85% de água. As frutas produzidas no verão têm maior teor de açúcares e menor acidez, enquanto as frutas produzidas fora de época, em temperaturas mais baixas, apresentam alta acidez e baixo teor de açúcares.

Os ácidos orgânicos mais comuns e abundantes no abacaxi são o ácido cítrico (87%) e o ácido málico (13%). A acidez média da fruta é de 0,78%, expressa em ácido cítrico anidro.

Cerca de 90% da matéria seca do suco é composta de açúcares, sendo 66% de sacarose e 34% de açúcares redutores (glicose e frutose).

▶ *Processamento*

O abacaxi pode ser consumido ao natural, exportado fresco ou em fatias, principalmente para produção de abacaxi em calda, suco e "crush". Como subprodutos, da obtenção do suco, as cascas e as extremidades podem ser usadas para produção de ração e etanol.

7.1. Compota

O processamento tem início com a eliminação da casca e lavagem das frutas por imersão e depois por aspersão de água clorada (5 ppm de cloro livre).

A seguir, são selecionadas e cortadas as extremidades para facilitar o descascamento e demais operações. As partes eliminadas são enviadas para a produção de ração e as frutas seguem para uma classificação: as grandes seguem para a linha de "chunks", as médias para a produção de fatias e as pequenas para suco.

Nas grandes fábricas, o processamento é feito em máquinas conhecidas como Ginaca, nome do inventor, nas quais todas as funções são automatizadas: corte das extremidades, descascamento, eliminação do eixo central e encaminhamento à etapa seguinte.

O cilindro de abacaxi passa por uma operação de eliminação manual de imperfeições (restos de "olhos", manchas) e segue para o esfatiamento (automatizado). As fatias são selecionadas pela cor, ausência de defeitos e uniformidade do corte. As com muitas imperfeições seguem para linha de "crush" ou suco.

O enchimento das latas com as fatias pode ser manual ou mecânico. As latas são de diferentes tamanhos, conforme o mercado consumidor.

A seguir é feita a adição de meio líquido, que pode ser xarope ou o próprio suco natural, com teor de polpa predeterminado. A adição de xarope pode ser a quente, seguida de jato de vapor para eliminar o ar existente no espaço livre, ou após a desaeração das fatias em aparelho de alto vácuo. O vácuo é quebrado pela adição de xarope ou suco quentes, seguida de injeção de vapor no espaço livre. A exaustão retira o ar dos tecidos, tornando o produto translúcido.

O xarope é constituído de sacarose, suco de casca e sólidos em suspensão, compostos de 20% de polpa. De acordo com a concentração em açúcar, ele é classificado em leve, pesado e extra-pesado.

Após o fechamento hermético, é feita a pasteurização por aquecimento em aquecedor rotativo, à pressão atmosférica, por 12 a 15 minutos. O processo térmico, além de pasteurizar o produto, causa o cozimento, que confere textura adequada às fatias.

Após o resfriamento, o produto segue para a rotulagem, a embalagem e o acondicionamento em caixas de papelão.

7.2. Processamento de "crush"

O material residual das linhas de produção de fruta em calda, constituído por pedaços de tamanho fora das especificações para enlatamento de polpa extraída da casca e das extremidades das frutas, é utilizado na produção de "crush".

Esses pedaços são passados por um picador e a seguir submetidos a aquecimento a 90°C para inativação enzimática. O suco liberado nessa operação, para garantir consistência adequada ao produto, é drenado e enviado para a linha de suco.

Por sua vez, o produto picado é misturado com xarope pesado e aquecido indiretamente em tachos com camisa de vapor, até alcançar o teor de açúcar adequado. A mistura é feita progressivamente a 90°C para evitar separação de fases. Ao final da operação o produto é acondicionado em latas e é feito o fechamento sob injeção de vapor para exaustão do ar.

Finalmente, o produto é submetido a pasteurização em cozedor rotativo durante 15 minutos e a seguir ao resfriamento.

O "crush" de abacaxi tem ampla aplicação, principalmente na confecção de produtos de confeitaria e sobremesas diversas. Seu preço, inferior ao dos produtos de primeira linha, facilita a sua comercialização.

7.3. Subprodutos da industrialização da compota

▶ *Suco da casca e extremidade da fruta ("mill juice")*

As cascas e as extremidades, separadas inicialmente, são encaminhadas a um raspador para retirar a polpa ainda existente. O material celulósico é despolpado, desintegrado e prensado para obter um suco que é filtrado para eliminar a polpa em suspensão e depois é completamente clarificado em sistema de troca iônica e concentrado. Esse suco é utilizado na preparação do xarope de cobertura das frutas ao xarope ou para a fabricação de geleias.

▶ *Geleias*

Geleia, por definição, deve apresentar estrutura geleificada firme, livre de partículas sólidas, sendo formada de pelo menos 45 partes de suco para 55 de açúcar e concentração final de, no mínimo, 65% de sólidos solúveis. É permitido o uso de pectinas, ácidos, aromatizantes e corantes.

O suco clarificado, concentrado ou não, recebe açúcar, pectina e ácido, e é aquecido até a concentração adequada de açúcar. A geleia obtida é distribuída quente nos recipientes e fechada hermeticamente. Não há necessidade de pasteurização nem de resfriamento rápido.

▶ *Geleiada*

Conhecida no exterior como "jam", é preparada pelo aquecimento da polpa da fruta com xarope de sacarose até a ebulição e concentração até a consistência pastosa final adequada.

7.4. Salada de frutas tropicais

A salada de frutas tropicais é uma mistura de diversas espécies de frutas, maduras e preparadas em fatias ou pedaços, cobertas com xarope e esterilizadas. O abacaxi é um excelente complemento dessas saladas.

7.5. Abacaxi cristalizado

O processo de obtenção do abacaxi cristalizado consiste, essencialmente, na impregnação gradual de fatias com xarope gradualmente concentrado. As fatias finas do cilindro da fruta descascada, cortadas transversalmente, são distribuídas em bandejas de aço inoxidável e cobertas, inicialmente, com xarope de 20°Brix, durante 24 horas. Depois, a cada 24 horas, substitui-se o xarope inicial por outros mais concentrados que o precedente, até a saturação com xarope de mais de 70°Brix. Ao final, o xarope é drenado, as fatias são passadas ou não por água fervente para eliminar o excesso e depois dispostas em bandejas e submetidas à secagem em estufa a 50°C até a cristalização. Por outra técnica, as fatias são polvilhadas com açúcar cristal e secas. Depois de secas são acondicionadas.

Há um método rápido para cristalização de frutas com processamento sob vácuo. As frutas inteiras ou em pedaços são cozidas em xarope a 30°Brix até o amolecimento e, depois, novamente cozidas a vácuo, com adição contínua de xarope para manter constante o volume do concentrador. Quando o xarope atinge 68°Brix, o conteúdo do concentrador é removido e deixado resfriar por 24 horas à temperatura ambiente. Posteriormente as frutas são lavadas em água quente e secas em estufa até a umidade final de aproximadamente 20%.

Existem outros métodos de cristalização.

7.6. Processamento de suco

A produção de suco de abacaxi concentrado congelado vem aumentando a cada ano devido à procura do mercado importador. O suco de abacaxi é considerado subproduto do processamento da fruta em calda, porém, no Brasil, o abacaxi vem sendo utilizado para a extração de suco por processos não convencionais.

A variedade Caiena ("Smooth Cayenne") tem a preferência internacional porque apresenta melhor formato e características de cor e acidez; contudo, no Brasil, tem sido muito utilizada a variedade Pérola. As duas variedades apresentam características diferentes, que influem na colheita, no transporte, no processamento, no acondicionamento e na industrialização.

▶ *Processamento tradicional*

Após a retirada da casca, lavagem e seleção, as partes provenientes da raspagem das cascas e das extremidades, do corte das fatias, "tidbits", "chunks" e o cilindro central, não utilizados no enlatamento, são encaminhados para o processamento de suco. Uma parte das frutas pequenas ou inadequadas para fatias é reduzida a polpa e outra parte é encaminhada aos extratores de suco, que são prensas contínuas do tipo de acabamento ("finisher"), que separam a polpa mais fina.

O suco obtido é centrifugado para retirar o excesso de polpa e padronizar o teor de sólidos em suspensão e enviado para o processamento ou a concentração.

▶ *Processo não tradicional*

O suco é extraído do abacaxi com casca. Para não prejudicar o produto final só são usadas frutas maduras, de casca amarela; as verdes são recusadas.

Os abacaxis são selecionados e submetidos a uma lavagem severa com água clorada, para reduzir a carga microbiana da casca. Depois são triturados em moinho de facas ou de martelos e prensados duas vezes, a primeira vez ao natural e a segunda com adição de água. A polpa prensada é encaminhada à produção de ração animal.

O suco é aquecido até 50-60°C e, a seguir, centrifugado para a separação da polpa mais fina e de "pontos pretos" e, finalmente, é encaminhado a tanques de equilíbrio e aos evaporadores.

Nos evaporadores, o suco é aquecido inicialmente a 90-95°C durante 30 a 40 segundos, para inativar enzimas e microrganismos. O suco entra em ebulição no evaporador pela existência de vácuo e passa à concentração com perda de substâncias aromáticas por arrastamento pela água evaporada. Uma unidade de recuperação de aromas por meio de destilação permite sua recuperação para posterior adição ao suco.

O suco é concentrado de 13°Brix a 65°Brix e depois resfriado rapidamente a 5°C, quando recebe a adição dos aromas recuperados. A concentração facilita a conservação, o transporte e o armazenamento. A seguir, é resfriado a –5°C, levado para o acondicionamento nos recipientes adequados e depois armazenado em câmaras com temperatura de –25°C, onde completa o congelamento após dezoito dias.

▶ *Suco concentrado congelado*

O suco concentrado é normalmente comercializado adoçado. O suco concentrado congelado é descongelado e bombeado para tanques onde se faz a adição de açúcar, mantendo a concentração final de 60°Brix. Esse suco então é enlatado e enviado a câmara a –20°C.

▶ *Suco integral*

O suco proveniente da centrífuga ou obtido pela diluição do suco congelado com água até 11°Brix pode ser conservado usando-se conservantes ou pasteurização.

O suco preservado é preparado enviando-se o suco integral para tanques homogeneizadores, onde são adicionados os conservantes químicos permitidos pela legislação.

O suco pasteurizado é obtido pela pasteurização do suco integral nas embalagens, após o enchimento dos recipientes a frio ou a quente. Também pode ser obtido pela pasteurização seguida de enchimento asséptico das embalagens.

7.7. Aproveitamento de resíduos agroindustriais do abacaxi

Durante a industrialização, 30 a 40% do peso da matéria-prima são rejeitos, constituídos por talos, coroas e cascas. Com esse material podem ser obtidos álcool etílico, ácidos cítricos, málico e ascórbico, bromelina e rações para animais.

▶ *Resíduos das plantações*

A grande massa vegetal composta de folhas, caules e diferentes tipos de rebentos, que sobram em uma plantação de abacaxi após a segunda colheita de frutas, constitui bom material para a alimentação do gado. Na grande maioria das vezes, essa massa é picada e incorporada ao solo por gradagem, contribuindo assim para manter sua fertilidade. Ensaios de alimentação mostraram que o abacaxizeiro picado, quer fermentado, quer ensilado, é comparável ao capim-napier em valor nutritivo e na produção de leite.

▶ *Rejeitos da industrialização*

A sobra de polpa resultante da clarificação do suco de abacaxi, semisólida, com alto teor de umidade e muito ácida, foi estudada em ensaio de alimentação de vacas. Os resultados mostraram que esse material tem considerável valor como alimento para ruminantes, podendo ser usado como fonte energética para crescimento e engorda de gado de corte e vacas, em lactação ou não, e para crescimento de bezerras desmamadas.

As principais aplicações da torta que resulta da prensagem dos rejeitos são: adubo verde, composto, ração para gado e produção de biogás.

▶ *Produção de aguardente ou de álcool*

A utilização do abacaxi para a produção de aguardente segue o procedimento citado no item 4.12. Seu uso para a obtenção do etanol depende do volume de produção de abacaxi e da quantidade de material rejeitado. A tecnologia de processamento inicia pela fermentação como para aguardente e difere na técnica de destilação, a qual é feita em aparelhos destiladores mais complexos.

▶ *Bromelina*

Bromelina é o nome genérico dado às enzimas proteolíticas encontradas no abacaxi. Sua ação é semelhante à da ficina e da papaína, extraídas do látex do figo e do mamão, respectivamente.

A qualidade da enzima que pode ser isolada do fruto e das outras partes da planta varia de acordo com os cultivadores de abacaxi e de onde é extraído. A atividade proteolítica é mais ativa nos frutos e decresce com a maturação.

Folhas, caule, suco, cascas e resíduos industriais são matéria-prima para a obtenção da bromelina, mas suas concentrações são mais altas na parte inferior e mais interna do caule.

A obtenção é feita pela adição de agentes precipitantes ao suco do caule. São usados metanol, etanol, isopropanol e sulfato de amônio.

Em escala industrial, há patentes baseadas na extração por meio de solventes orgânicos e sais solúveis em água.

O suco é obtido pela moagem do caule e separação mecânica das partes sólidas. A seguir são adicionados metabissulfito de sódio e EDTA (sal de cálcio e sódio), para sequestrar metais pesados. O suco é deixado em repouso por 24 horas para decantar. O suco limpo é evaporado até concentração de 47% de sólidos, depois é precipitado por isopropanol e solução saturada de sulfato de amônio. O precipitado de bromelina é separado por centrifugação e submetido a purificação.

7.8. Fermentado alcoólico de abacaxi

A tecnologia segue a descrição apresentada no item 4.10.

"Vinho de abacaxi" é a bebida alcoólica de 10° a 13% de álcool em volume, a 20°C, obtida pela fermentação alcoólica do mosto de abacaxi.

Segundo a legislação brasileira pode ser consumido como obtido, gaseificado e sob a forma de licoroso, com as denominações de fermentado alcoólico de abacaxi, fermentado alcoólico gaseificado e fermentado alcóolico licoroso de abacaxi.

O produto gaseificado é o que recebe a introdução de dióxido de carbono puro, até a pressão máxima de 3 atmosferas a 10°C.

O produto licoroso doce ou seco, é o obtido pela fermentação alcoólica do mosto de abacaxi, com graduação alcoólica de 13% de álcool em volume a 18% de álcool em volume, a 20°C.

A matéria-prima para a produção de fermentado alcoólico de abacaxi pode ser constituída de rejeitos da industrialização de compota ou de frutas inteiras descascadas. A fermentação de frutas inteiras, esmagadas com casca pode produzir fermentado com característica amarga.

Para a obtenção do fermentado alcoólico é necessário fazer a correção do teor de acidez e de açúcar do caldo, além de outras medidas tecnológicas para obter boa fermentação e clarificação adequada.

O produto doce normalmente é pasteurizado, para evitar sua refermentação.

7.9. Fermentado acético de abacaxi

O processo de obtenção do fermentado acético de abacaxi obedece aos procedimentos citados nos itens 4.10 e 4.11.

A elaboração inicia com a prensagem das cascas e de outros rejeitos de industrialização em uma prensa hidráulica, para retirar o suco. Este é coado e fermentado sem ou com mínima correção de açúcar, para obter o fermentado alcoólico para a produção do fermentado acético.

A acetificação desse vinho pode ser feita por processo lento ou rápido.

7.10. Fluxogramas de processamento de produtos de abacaxi

Os fluxogramas a seguir ilustram as operações gerais de diferentes processamentos.

7.10.1. Processamento de "chunks" e fatias

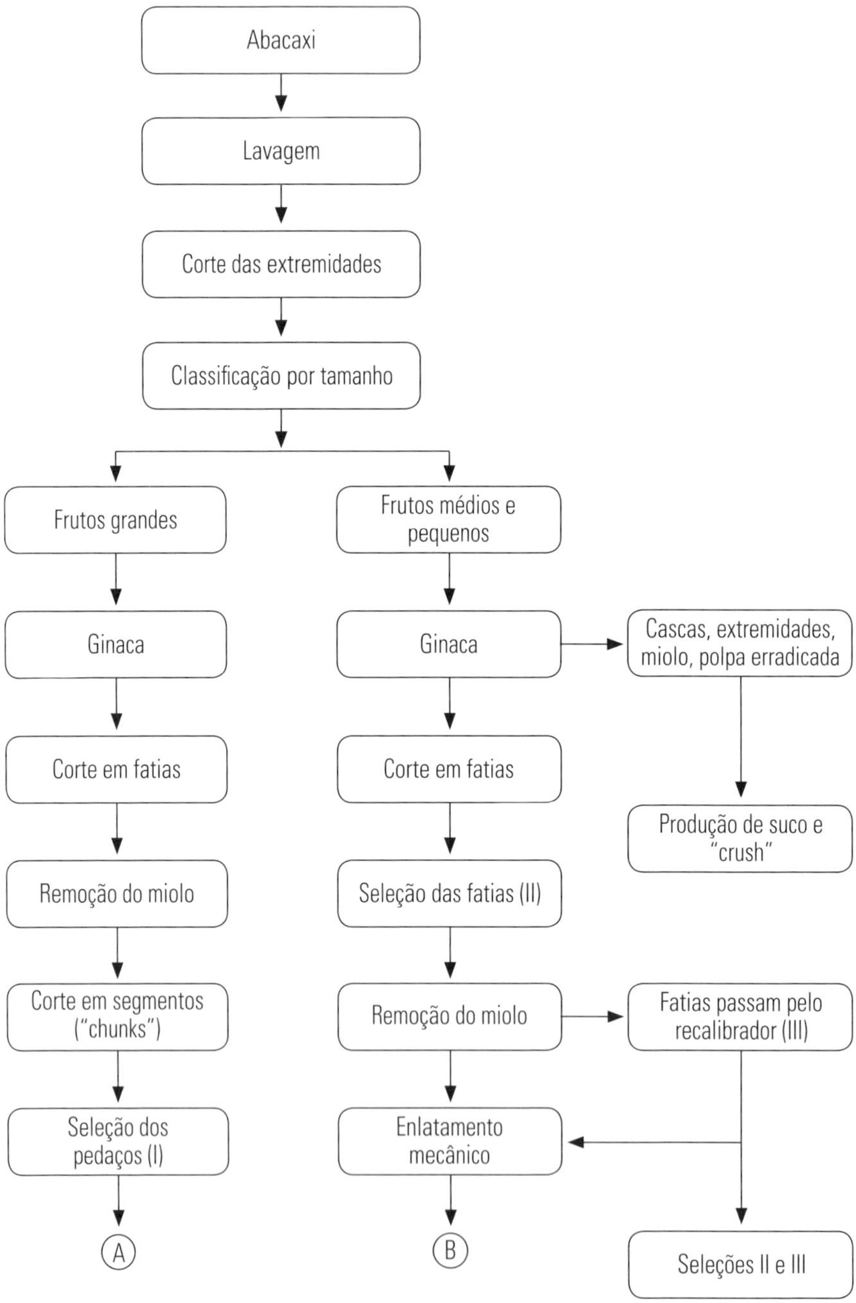

7.10.1. Processamento de "chunks" e fatias (continuação)

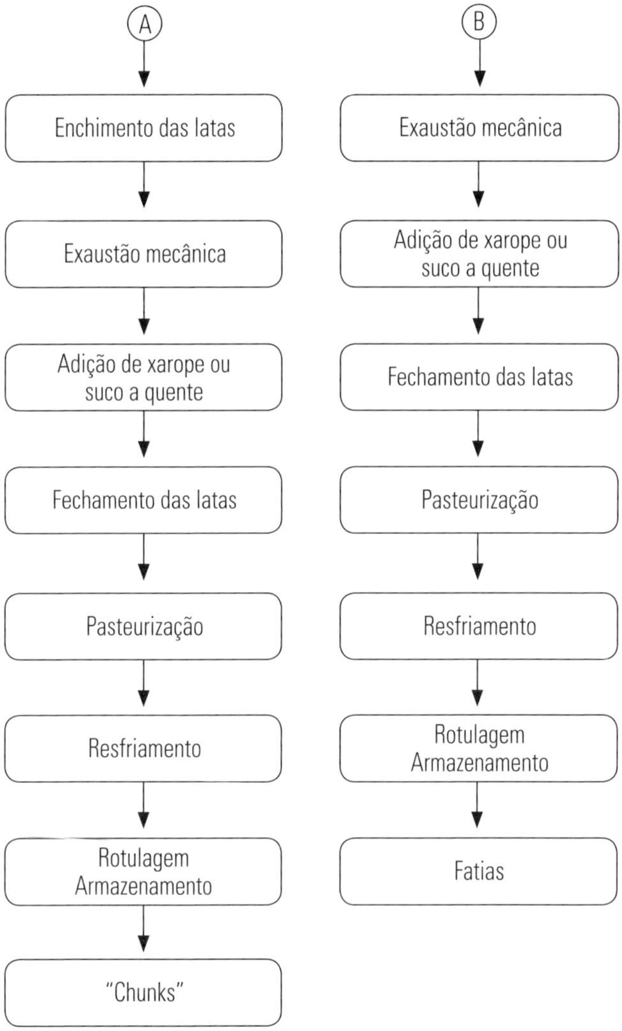

7.10.2. Processamento de "tidbits"

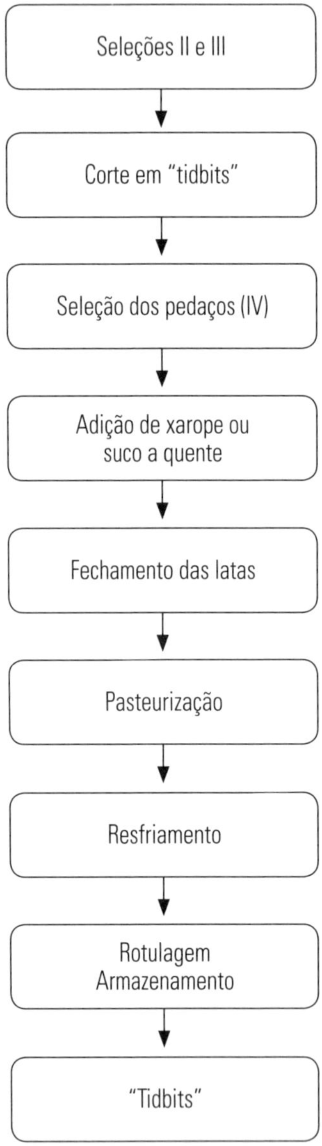

7.10.3. Processamento de "crush"

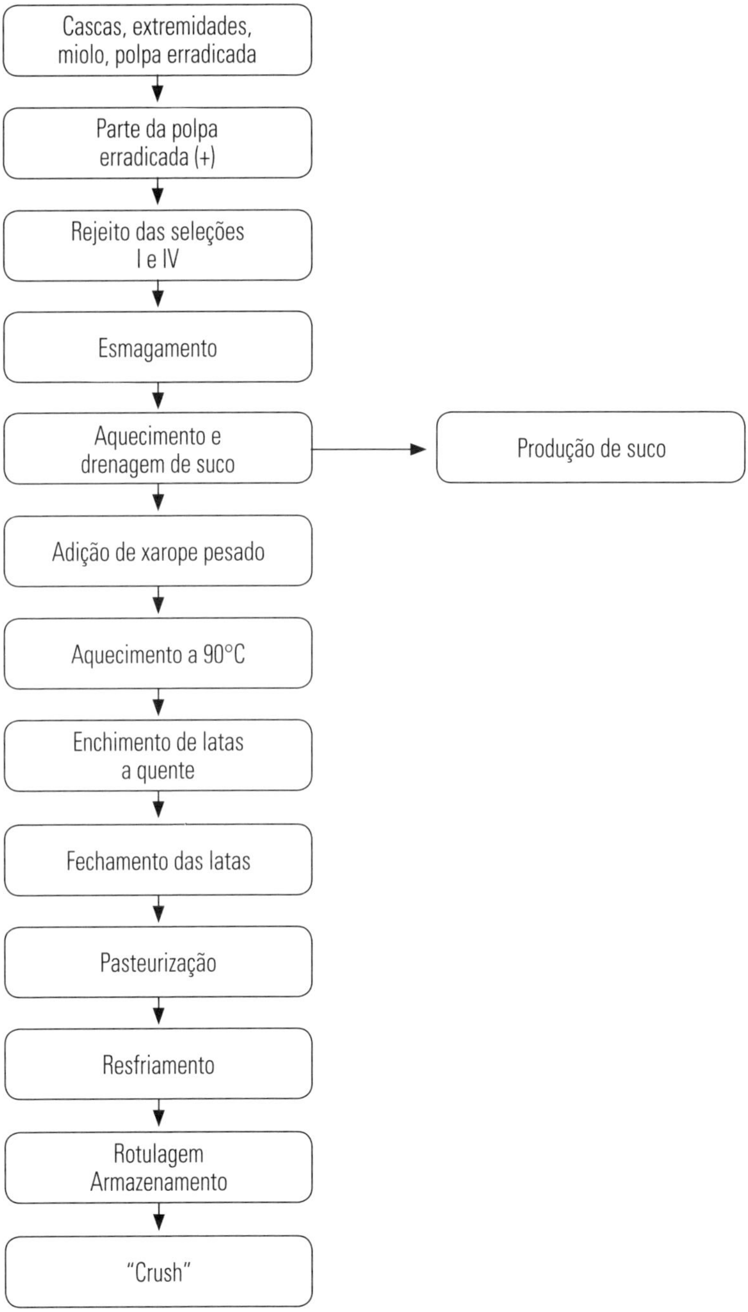

7.10.4. Subprodutos do abacaxi

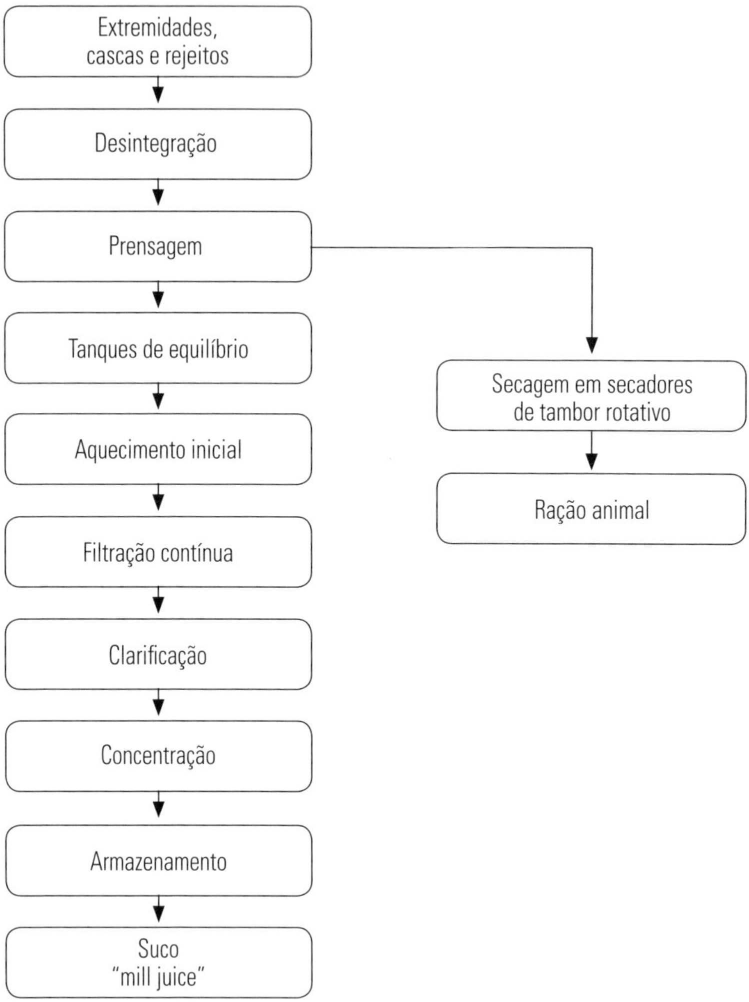

7.10.5. Processamento de geleia de abacaxi

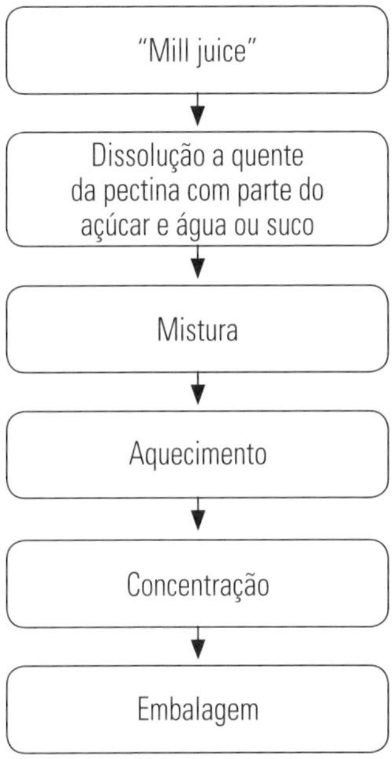

7.10.6. Processamento de geleiada

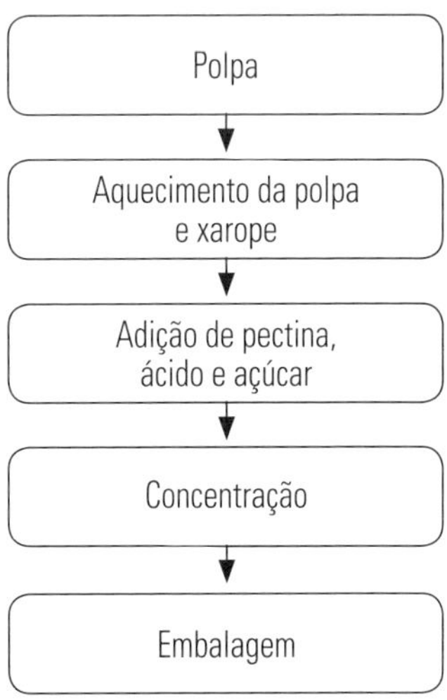

7.10.7. Processamento de suco concentrado congelado de abacaxi

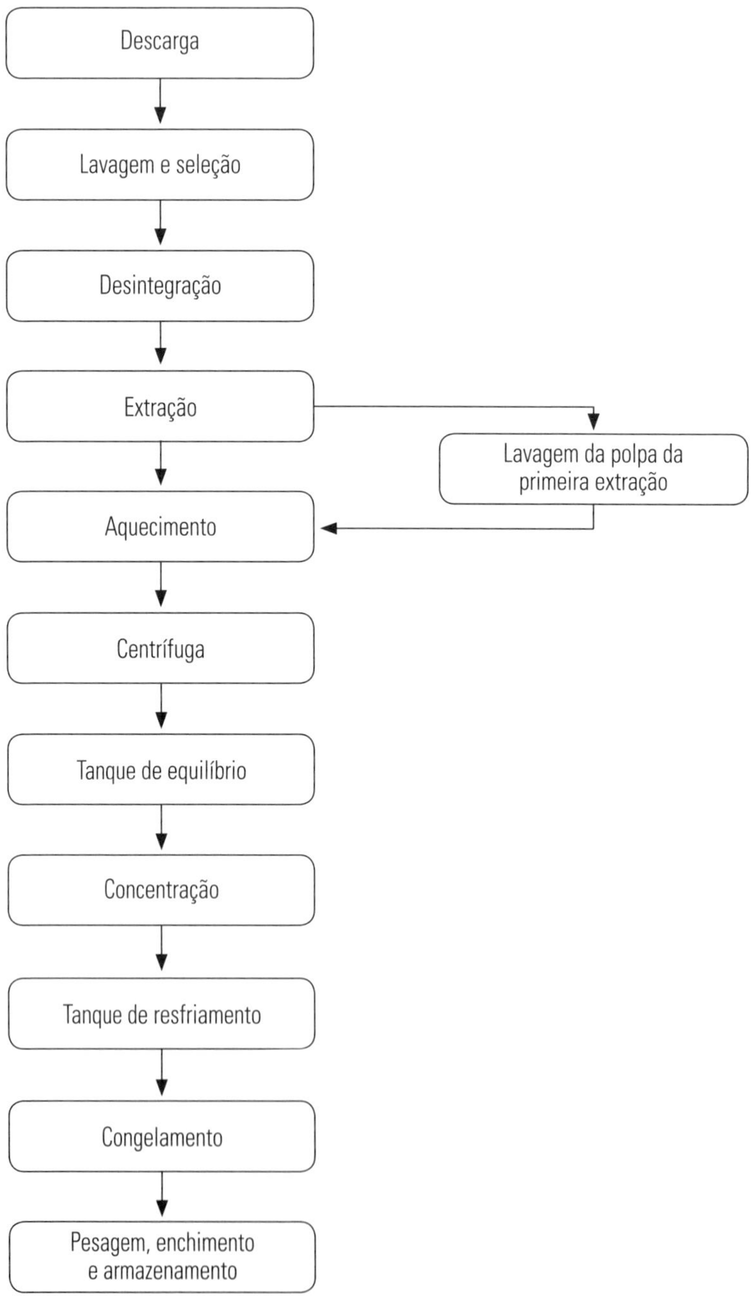

7.10.8. Fluxograma dos processos envolvidos na produção de suco

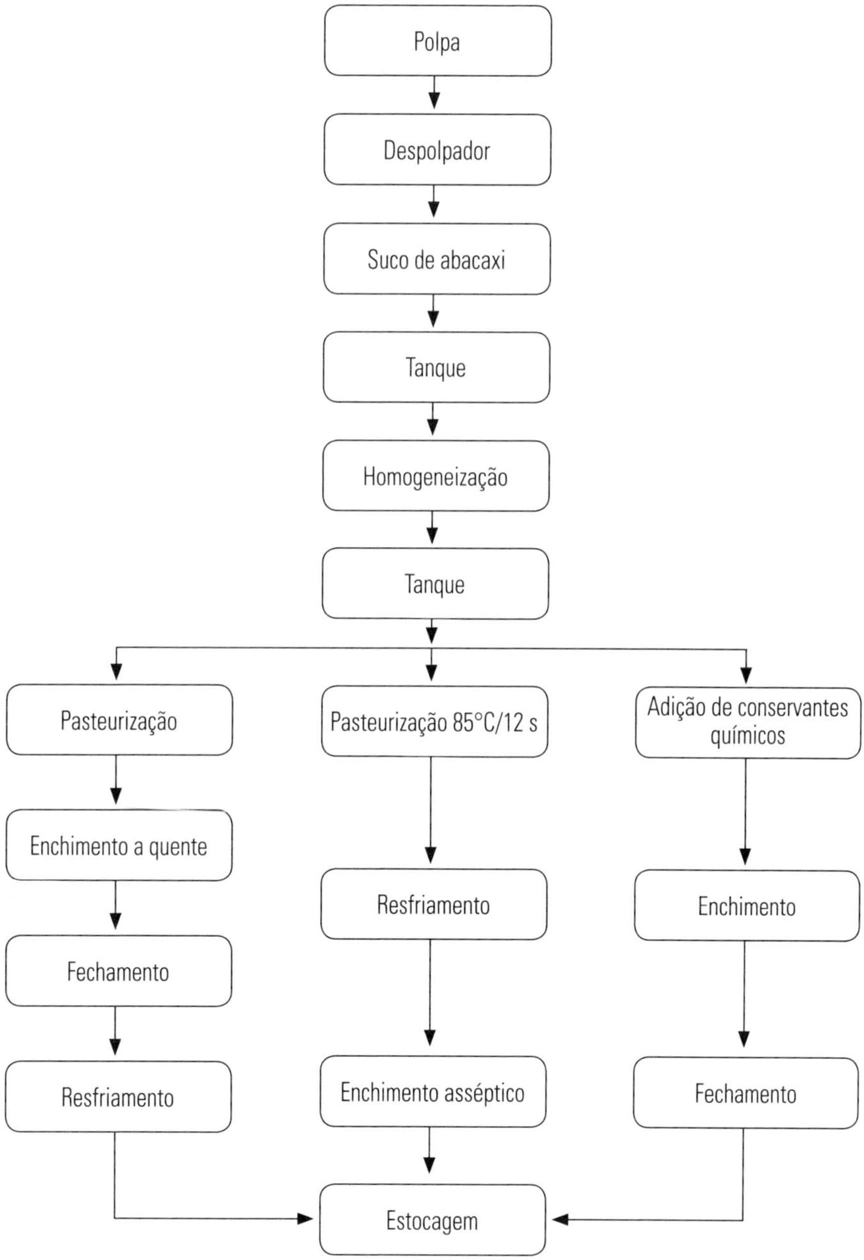

7.10.9. Utilização dos rejeitos do abacaxi

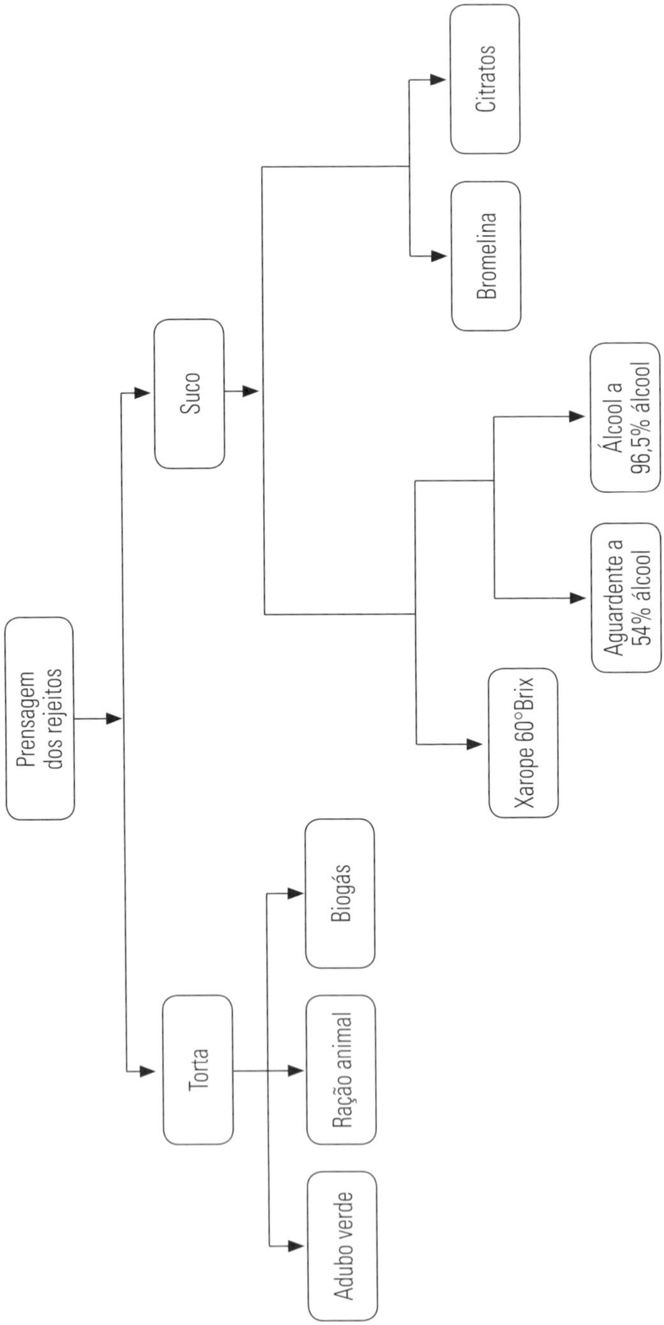

7.10.10. Recuperação de bromelina precipitada por salificação

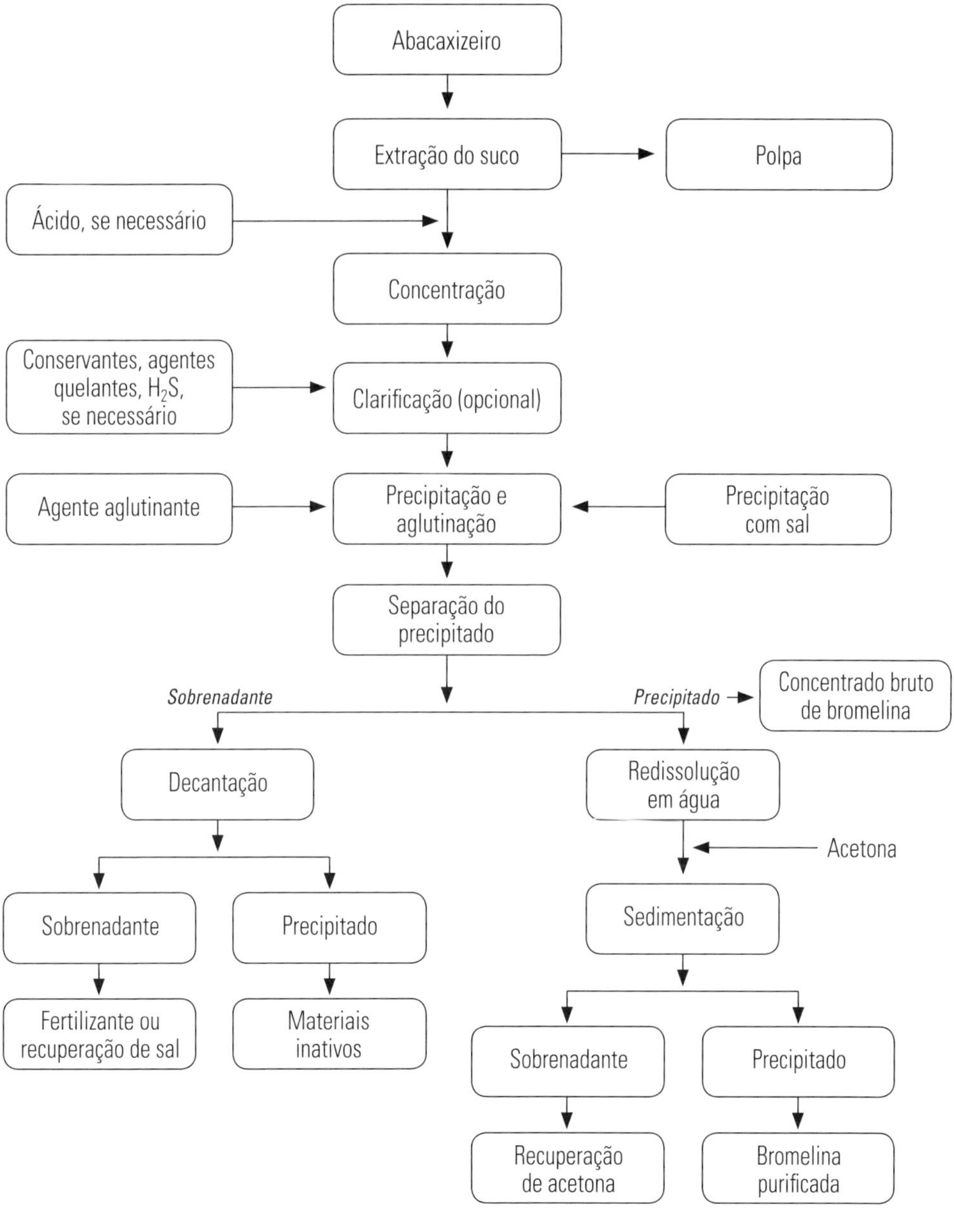

8

Coco

O coco, verde ou maduro, é matéria-prima para diversas indústrias.

A fibra ("coir", como é conhecida no mercado internacional) extraída do mesocarpo é usada para fabricar cordoalha, capachos e tapetes. Do endocarpo duro são feitos objetos de adorno artesanais. A inflorescência é rica em líquido doce, usado artesanalmente na elaboração de bebidas fermentadas e fermentado acético. As folhas servem de cobertura para construções, os folíolos para a confecção de esteiras e vassouras.

Verde e ao natural, fornece a água e a polpa cremosa, muito apreciadas; a água pode ser engarrafada e modernamente é de potencial importância em zootecnia e veterinária, na conservação de sêmen.

Maduro, também oferece água, de aspecto leitoso, e a amêndoa, usada como alimento, crua em confeitaria, esfatiada ou ralada e transformada em doces de diferentes receitas, moles ou secos.

Industrialmente, a polpa branca e oleosa é manufaturada ao natural, ou desidratada, forma como é exportada sob a denominação de copra. Ao natural ou como copra, é matéria-prima para a extração do óleo, de uso na fabricação de sabões e sabonetes finos de toucador e empregada na produção de óleo, de margarina e de gordura vegetal, próprios para confeitaria e fábricas de biscoitos.

Os diferentes produtos são indicados a seguir, com seus respectivos fluxogramas de processamento.

▶ *Equipamento necessário*

As linhas de processamento de coco variam. Para a obtenção de todos os produtos citados, serão necessários: mesa de seleção, lavador, autoclave, quebrador da noz, raspadores, cortadores, desintegrador, prensa hidráulica, centrífuga, tachos de vapor, concentrador a vácuo, trocador de calor de placas, tanques agitadores, enchedoras, secador e congelador rápido. O fluxograma de cada processamento identifica o equipamento para cada um.

8.1. Leite de coco

É encontrado como leite esterilizado, concentrado e concentrado congelado, os quais são obtidos de acordo com o fluxograma próprio, a seguir, no qual a primeira fase, de obtenção do leite, é a mesma para os demais produtos.

8.2. Xarope de coco

Produto de muito boa qualidade para uso em confeitaria.

8.3. Pudim de coco enlatado

Produto não muito usual no Brasil, porém comum no Havaí. Constitui complemento à pequena diversidade de sobremesas prontas, feitas com frutas tropicais, existentes no mundo. Por outro lado, é um produto muito usado na dieta havaiana, inclusive nos tradicionais "luaus".

8.4. Coco ralado

Resíduo da desintegração da polpa fresca para a extração do óleo e obtenção do leite, este produto pode ser de diferentes tipos, distribuído no comércio embalado em sacos plásticos aluminizados ou em latas de 20 litros, a vácuo ou com adição de gás inerte como o nitrogênio, por exemplo.

O coco ralado serve para manufaturados de sorveteria, panificação, confeitaria em geral e produtos derivados do leite.

8.4.1. Coco ralado integral

Em média, na prensagem parcial para a extração de parte do leite, extrai-se uma quantidade ao redor de 20% do total na polpa do coco, a fim de diminuir o problema de rancificação e melhorar as qualidades organolépticas do produto.

Esse tipo de produto deverá conter um teor de umidade máximo de 4%.

8.4.2. Coco ralado integral açucarado

A quantidade de sacarose geralmente utilizada em mistura com o coco ralado tem sido de 40% em relação ao peso úmido do material. Posteriormente, o produto é seco até uma umidade final máxima de 4% em estufa ou túnel de secagem com temperatura controlada.

8.4.3. Coco ralado com baixo teor de gordura

Resíduo, devidamente seco, da extração do leite em prensas hidráulicas, contínuas ou separadoras centrífugas. Como o processo de extração do leite, neste caso, visa a uma extração máxima, por ser o leite o produto principal, constituindo o resíduo um subproduto, o teor de gordura neste resíduo é baixo.

8.5. Leite de coco em pó

Obtido a partir do leite de coco concentrado, por meio de processos de secagem diversos, tais como: atomização e leito fluidizado. Devido ao elevado teor de gordura existente no leite de coco, é conveniente fazer a secagem com leite parcialmente desengordurado em centrífuga, ou leite de coco desengordurado ("coconut skim milk"), para conseguir um produto final de melhor qualidade e mais fácil conservação.

8.6. Copra

Copra é o nome comercial do produto obtido pela secagem da amêndoa do coco. Raramente destinada diretamente ao consumidor, é a forma de conservação para exportação e extração do óleo. Após a extração do óleo, a torta residual, rica em proteínas e açúcares, é destinada ao preparo de rações animais.

A qualidade da copra está diretamente relacionada com sua cor, que varia de branco a castanho-escuro, e com o teor de gordura. Sua capacidade de conservação depende principalmente de seu teor de umidade.

O conteúdo de óleo na copra varia de 65 a 70%. A extração é feita por pressão hidráulica, por extração úmida e com solventes. Esta proporciona maior rendimento.

8.7. Óleo de coco

É obtido da polpa fresca, de acordo com o fluxograma a seguir descrito, e também da copra depois de sua lavagem.

O alto grau de saturação e a longa estabilidade do óleo fazem com que ele seja um dos mais desejáveis para consumo e confeitaria.

8.8. Fluxogramas de processamento de produtos de coco

Os fluxogramas a seguir ilustram as operações gerais de diferentes processamentos.

8.8.1. Processamento de leite de coco

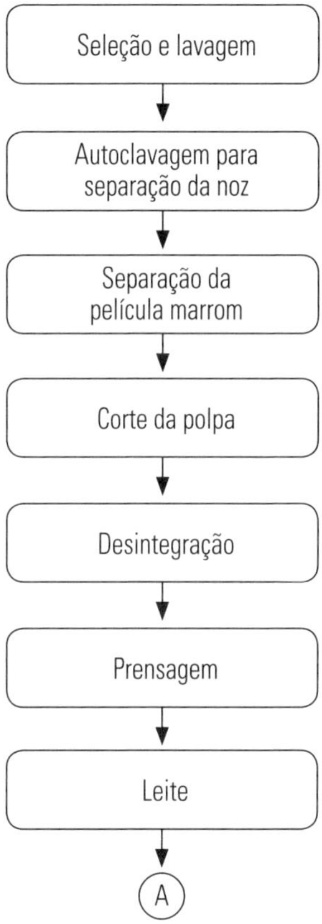

8.8.1. Processamento de leite de coco (continuação)

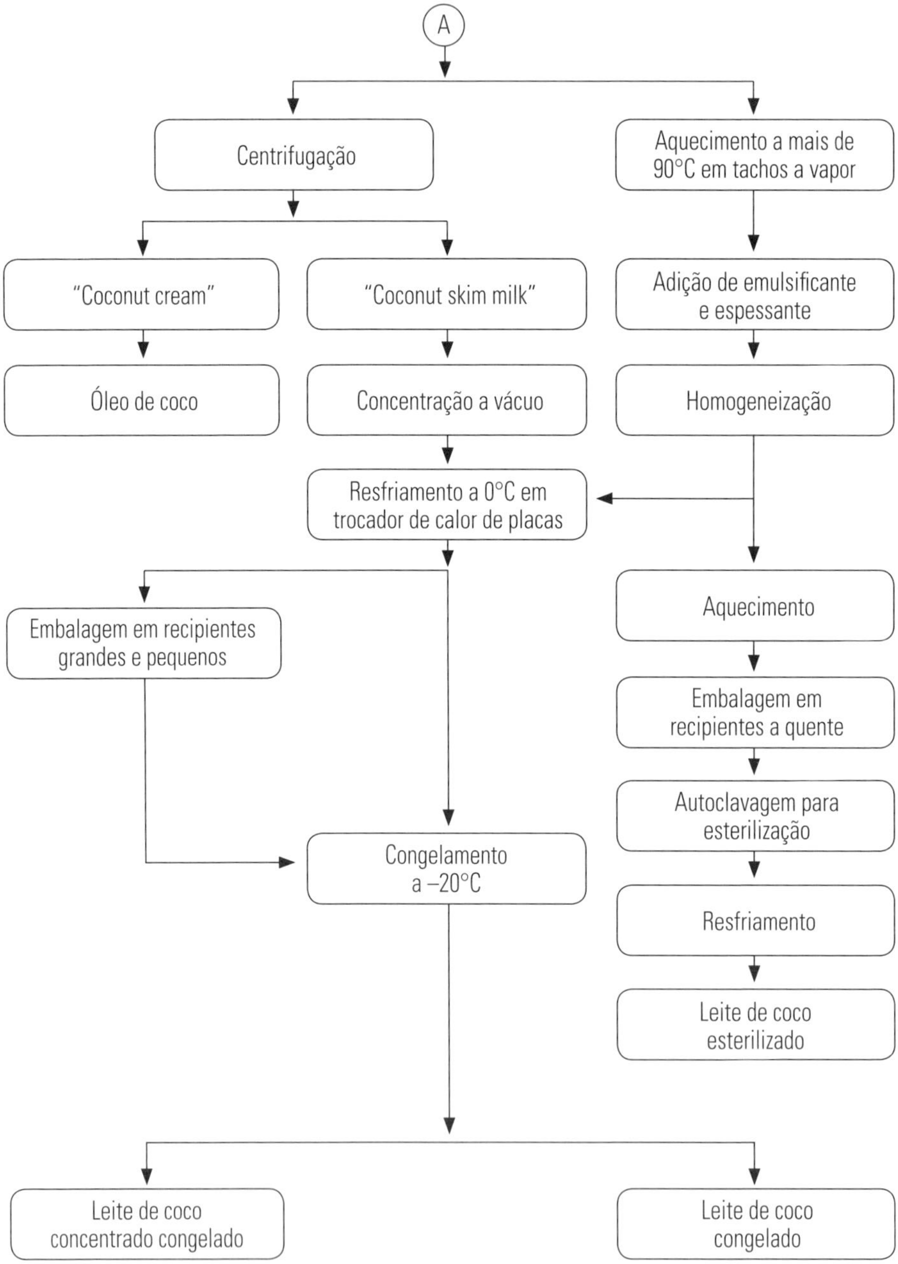

8.8.2. Processamento de xarope de coco

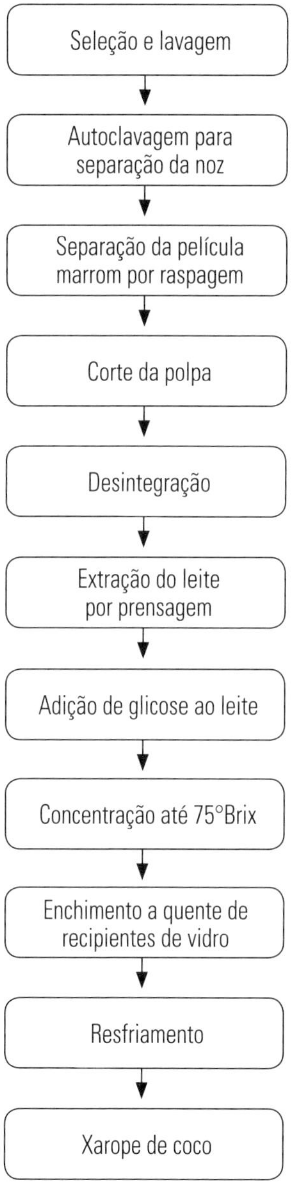

8.8.3. Processamento de pudim de coco

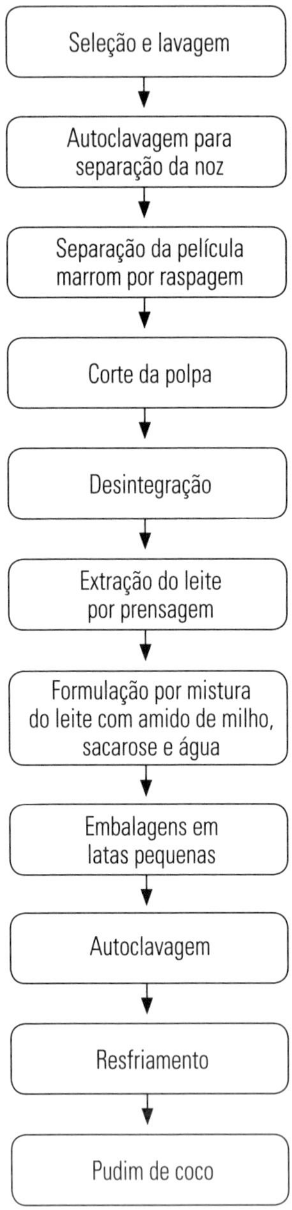

8.8.4. Processamento de coco ralado

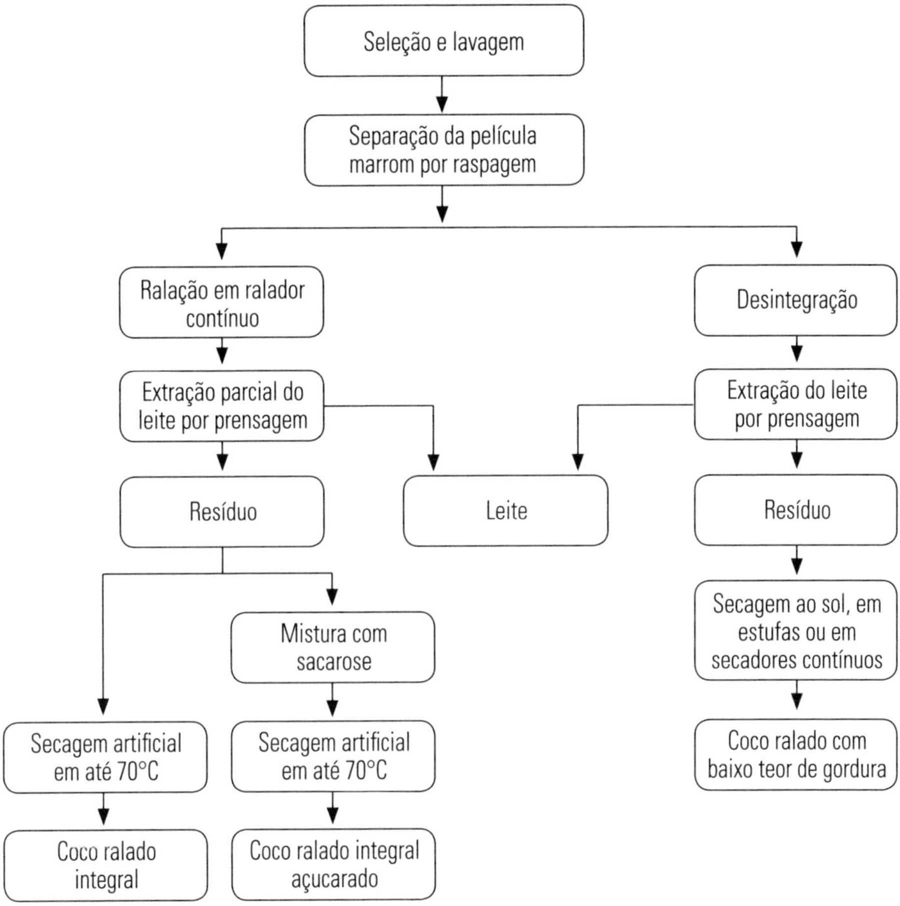

8.8.5. Processamento de copra

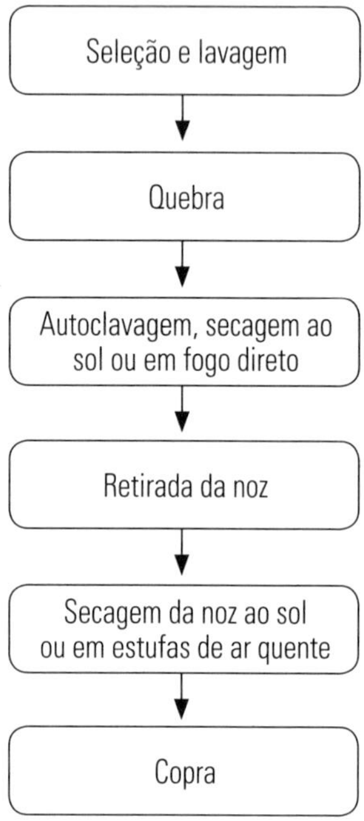

9

Caju

No caju há duas partes bem diferenciadas. Uma é o pseudofruto, resultante da hipertrofia do pecíolo, comestível ao natural, macio, carnoso, rico em suco, colorido, muito delicado e de conservação limitada. Outra é a castanha, o fruto verdadeiro, reniforme, com uma casca coriácea e cerosa formada pelo epicarpo e pelo mesocarpo, que envolve a semente, denominada também de castanha.

O mesocarpo tem estrutura alveolar, cujos espaços são preenchidos por um líquido escuro, denominado de líquido da castanha de caju (LCC), de resina ou cardol.

As duas partes são industrializáveis. A mais importante é a castanha, de comercialização internacional. Ao ser separada do pseudofruto, deixa um volume muito grande de fruta a ser usado e para o qual há muitas formas de aproveitamento, embora ainda pouco exploradas.

Após a colheita dos cajus, as castanhas são separadas manualmente e secas ao sol, selecionadas, ensacadas e levadas para a usina de descorticamento. Os pseudofrutos são lavados e encaminhados para processamento.

As diferentes formas de industrialização seguem um fluxograma geral que inicia pela separação da castanha do pseudofruto e segue pelas linhas específicas para cada produto.

9.1. Suco

O suco de caju é obtido por prensagem do pseudofruto livre da castanha. De acordo com o uso do suco, o pseudofruto será prensado inteiro, em fatias ou desintegrado. A despela propicia a obtenção de suco de melhor qualidade, com menor risco de escurecimento e menos deposição de material ceráceo nas embalagens.

Equipamento mínimo necessário: tanques, lavadoras, mesas de seleção, desintegrador, prensa hidráulica ou de parafuso, coador, filtro, desaerador, pasteurizador ou máquinas para adicionar conservantes, máquina de embalar e fechar hermeticamente.

Para suco concentrado: tachos, evaporadores a vácuo ou concentradores de película descendente.

O suco simples com polpa é distribuído em garrafas, em latas ou em grandes recipientes para utilização na formulação de néctares, sorvetes e bebidas mistas.

A conservação do suco pode ser feita pela adição de substâncias químicas antes da embalagem, tais como gás sulfuroso, ácido sórbico e benzóico ou seus sais, ou por pasteurização anterior ou posterior ao acondicionamento do suco. A concentração é também um método viável.

9.2. Doces

Os doces dos pseudofrutos mais conhecidos são as geleias e os doces de massa, em ponto de corte ou pastosos (doce de massa "de colher"). As conservas conhecidas por geleias podem ser geleias, geleiadas ou polpadas, de acordo com a técnica de preparo.

9.3. Compota

É preparada com pseudofrutos com ou sem pedúnculos, com ou sem casca, inteiros ou cortados, em xaropes com diferentes teores de açúcar. Os pseudofrutos sem casca são obtidos pela despela feita pela sua rápida imersão em solução de soda cáustica quente e lavagem imediata, para eliminação da casca e do excesso de soda.

Equipamento mínimo: balanças, tanque ou condutor de lavagem, mesa ou transportador para seleção e preparo, envasamento, tanque diluidor de açúcar, túnel de exaustão, tachos ou autoclaves para cozimento e esterilização.

9.4. Caju cristalizado

É obtido pela substituição de parte da água por xarope simples e sua superfície recoberta por uma camada de cristais de açúcar.

Equipamento necessário: balanças, tanque ou condutor de lavagem, mesa ou transportador para seleção e preparo, diluidor de açúcar, tacho de açúcar, tacho, peneiras, tabuleiros ou estufas de secagem.

9.5. Caju dessecado

Existe o caju simplesmente dessecado e o caju parcialmente curado em xarope com especiarias e depois dessecado. Estes também são conhecidos como "passas de caju".

O suco extraído pela prensagem pode ser fervido e adicionado de açúcar e especiarias, como folhas de figo, cravo-da-índia, canela e outros.

Os cajus preparados são espalhados em bandejas perfuradas e postos a secar ao sol ou em estufas.

9.6. Molhos

Com o caju, à semelhança da manga, podem ser preparados molhos salgados e agridoces. A maçã verde também é adequada para preparar molhos.

Entre esses molhos, são citados o "chutney" e o "curry", dos quais há receita no final deste trabalho.

Para seu preparo são necessários mesa de seleção, lavador, tacho e lavador para despela, cortador, moedor, desintegrador, tacho para cozimento, enchedor de embalagens e fechadores herméticos.

9.7. Processamento da castanha

A nomenclatura confunde um pouco. O aquênio (fruto) é denominado de castanha, assim como o produto comercial (sementes) contido no endocarpo. O processamento inclui operações anteriores de classificação, limpeza, secagem, armazenamento e posteriores de descascamento, beneficiamento das sementes (amêndoas) e embalagem.

A castanha (aquênio) fresca, após a separação do pseudofruto, encerra sementes com alta umidade. Como nessa condição sua conservação não é garantida, faz-se uma secagem ao sol ou por meio de secadores para reduzir o teor de água para 6 a 7%. Com esse teor de umidade, as castanhas (aquênio) podem ser armazenadas a granel ou ensacadas por um ano ou mais em condições ambientais adequadas. Dos armazéns seguem para classificação e processamento.

A amêndoa comestível deve ser liberada da casca. Há uma forma artesanal, que é a de torrar as castanhas ao ar livre em tachos abertos ou em chapas perfuradas sobre um braseiro. Nesse caso perde-se o LCC, que se queima com chama e forte emissão de fumaça cáustica.

Industrialmente há diversas técnicas. Por uma delas, as castanhas são autoclavadas, cortadas e peneiradas para separar as cascas e as amêndoas. As cascas são enviadas para a extração do LCC e depois servem de combustível; as amêndoas são beneficiadas e embaladas.

9.8. Subprodutos da castanha

São considerados subprodutos: as cascas, o LCC e o que se pode fazer com as amêndoas quebradas e farinhas. Embora considerados subprodutos, o fermentado alcoólico, a aguardente e os licores (ratafiás) não devem ser assim considerados, porque podem ser produzidos diretamente do pseudofruto, sem processamento intermediário.

O LCC está localizado no mesocarpo. Sua aplicação é ampla no preparo de produtos como: resinas fenólicas para isolantes de fios elétricos, vernizes isolantes de bobinas e motores, lonas de freio, pás de moldagem, revestimento de assoalhos, colas para madeira, reforço e revestimento de papéis, plastificantes, estabilizantes para pigmentos em suspensão, impermeabilizantes, tintas, lacas, vernizes, esmaltes, emulsionantes e dispersantes, anticorrosivos para proteção de metais, agentes tensoativos aniônicos e não iônicos, conservantes para madeiras, redes de pesca e lonas, inseticidas e fungicidas.

Hoje existem produtos sintéticos que estão substituindo o LCC.

9.9. Fluxogramas de processamento de produtos de caju

Os fluxogramas a seguir ilustram as operações gerais de diferentes processamentos.

9.9.1. Fluxograma geral da utilização do caju

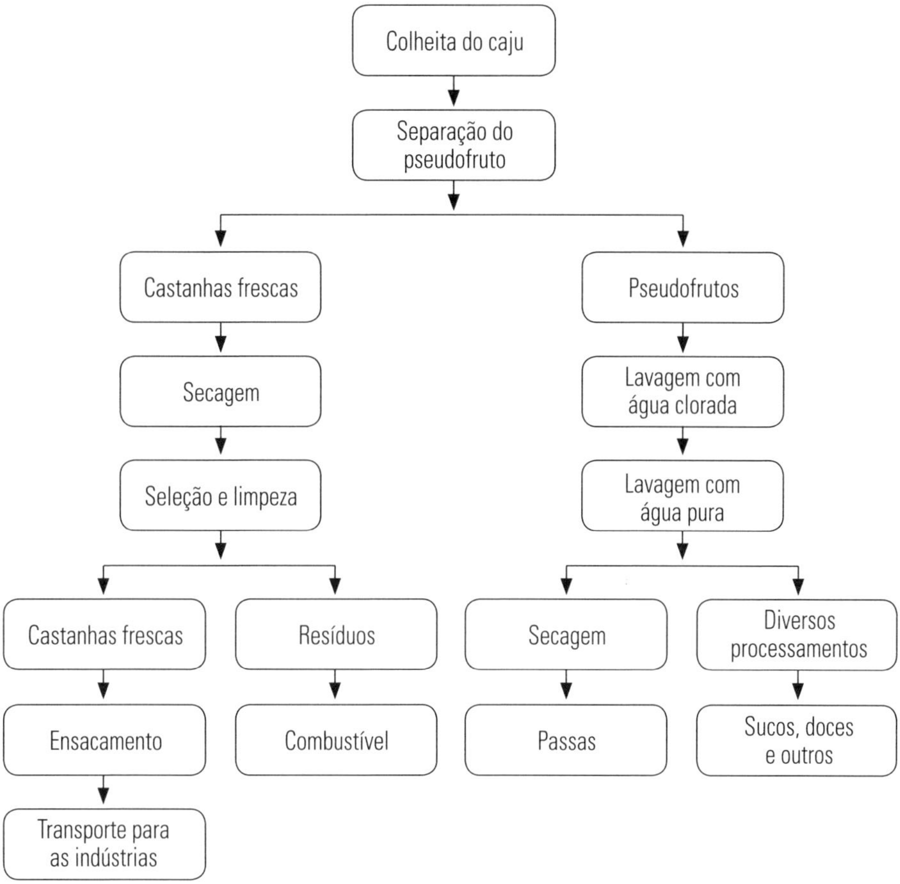

9.9.2. Processamento de suco de caju

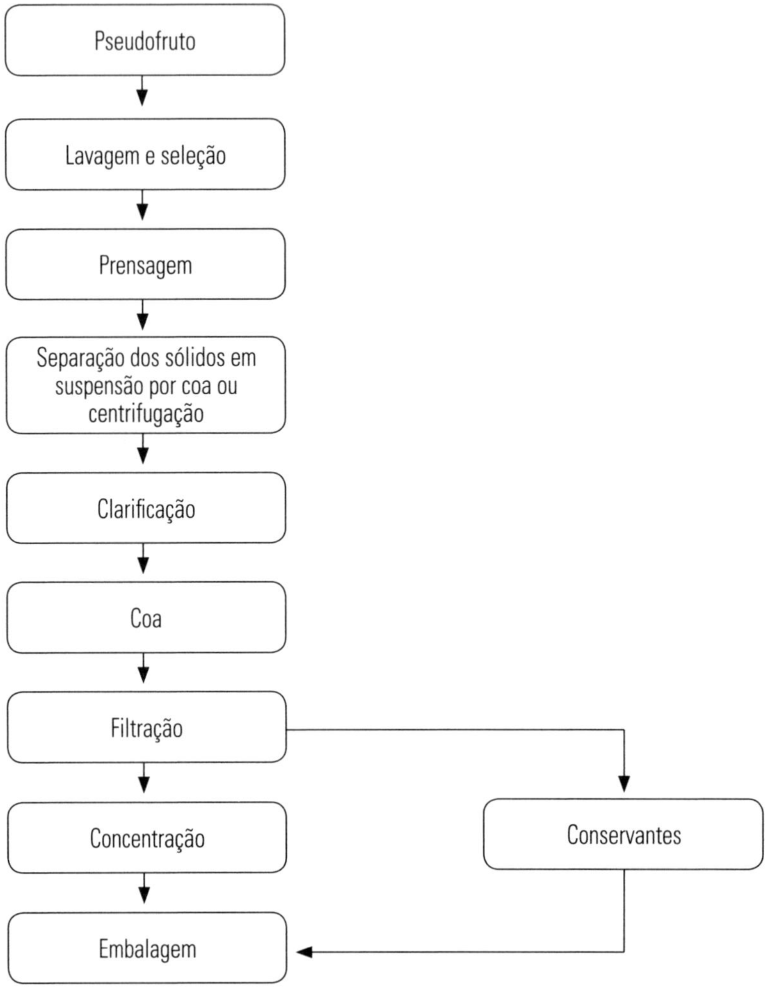

9.9.3. Processamento de doces

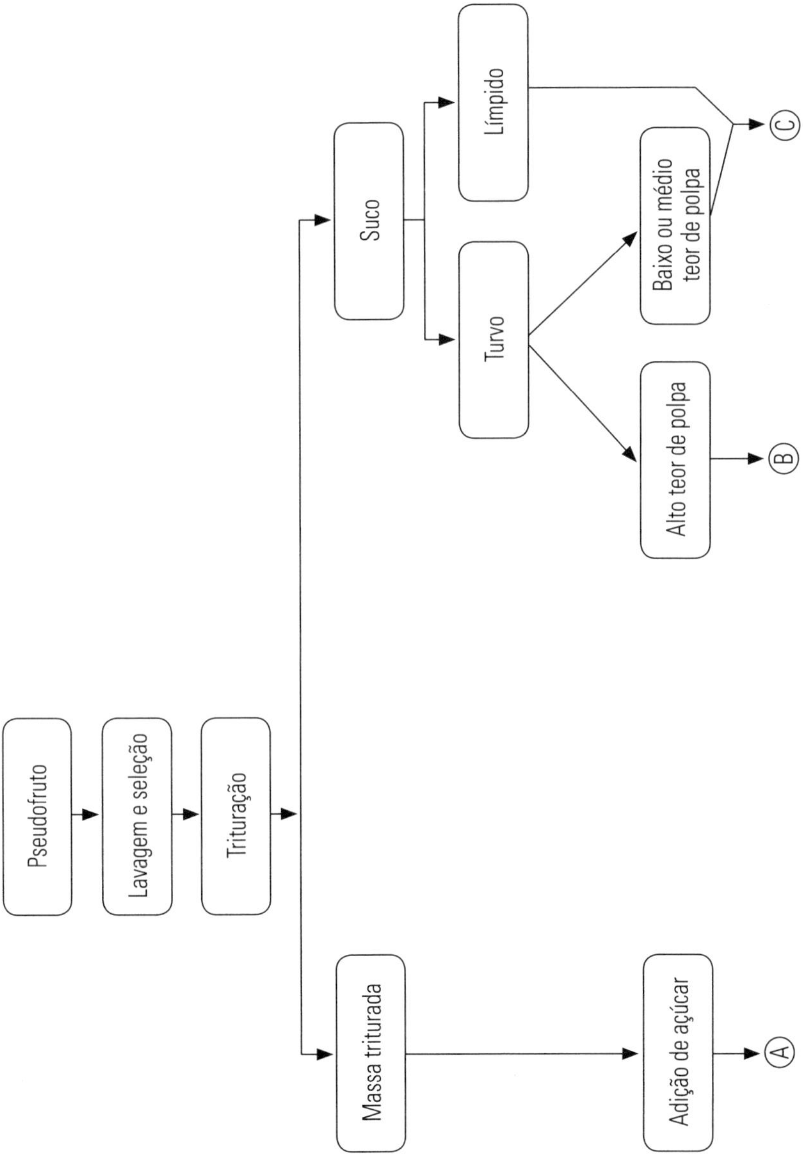

9.9.3. Processamento de doces (continuação)

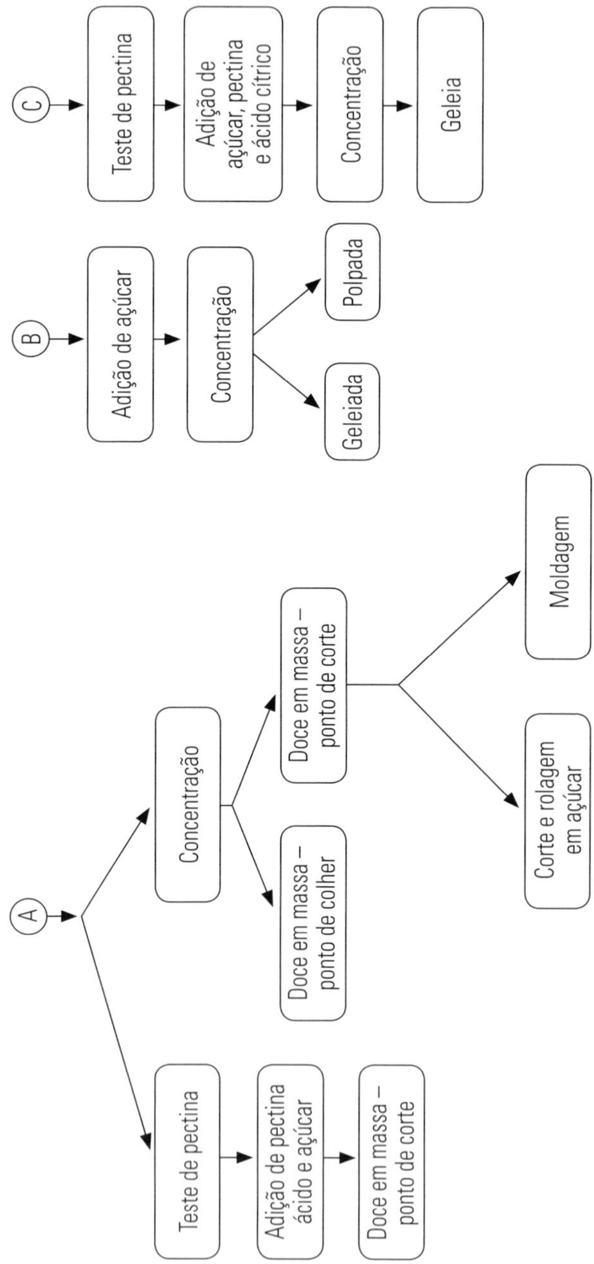

9.9.4. Compota

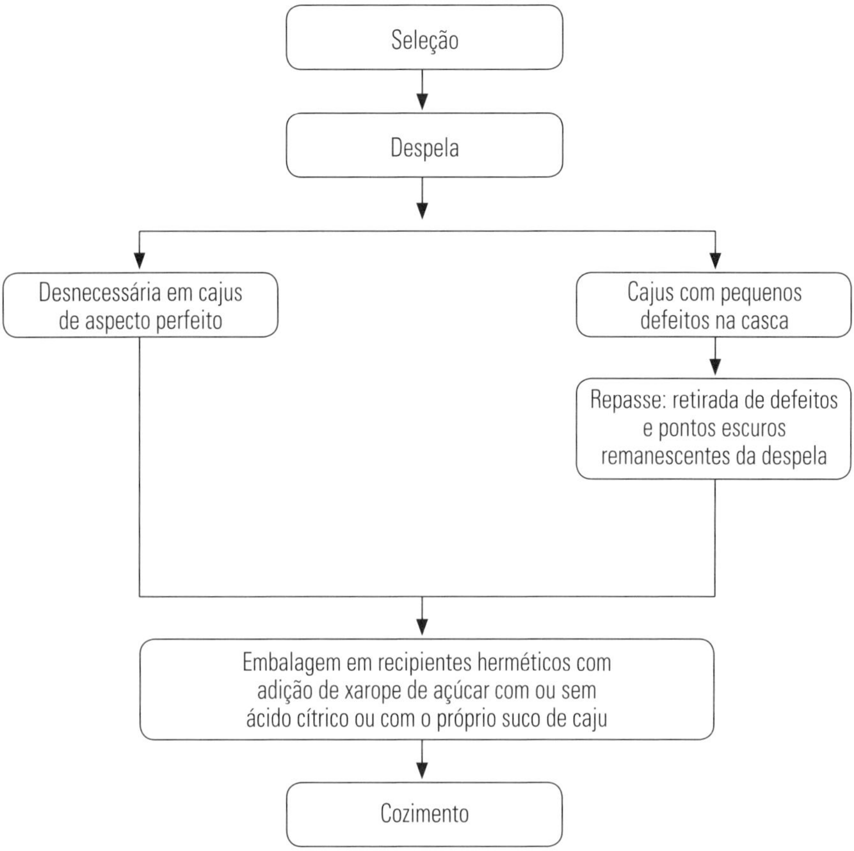
Seleção
Despela
Desnecessária em cajus de aspecto perfeito
Cajus com pequenos defeitos na casca
Repasse: retirada de defeitos e pontos escuros remanescentes da despela
Embalagem em recipientes herméticos com adição de xarope de açúcar com ou sem ácido cítrico ou com o próprio suco de caju
Cozimento

9.9.5. Caju cristalizado

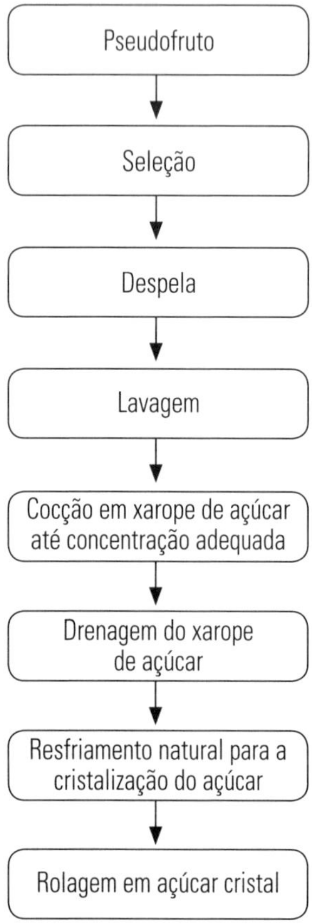

9.9.6. Processamento de caju dessecado

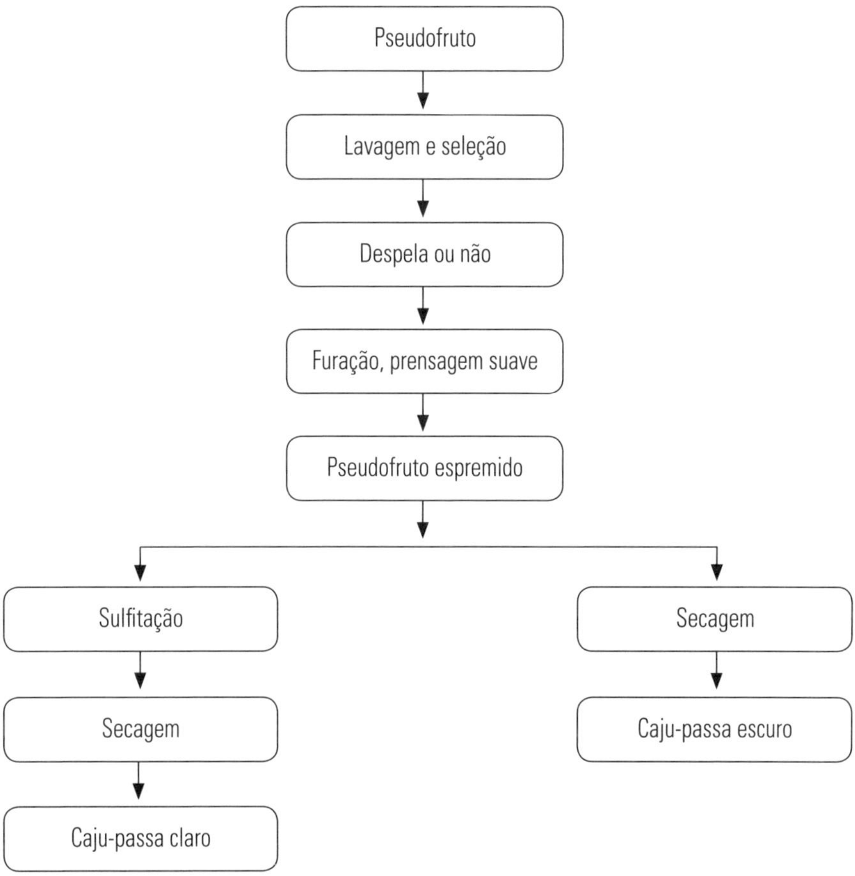

9.9.7. Caju: processamento de "chutney"

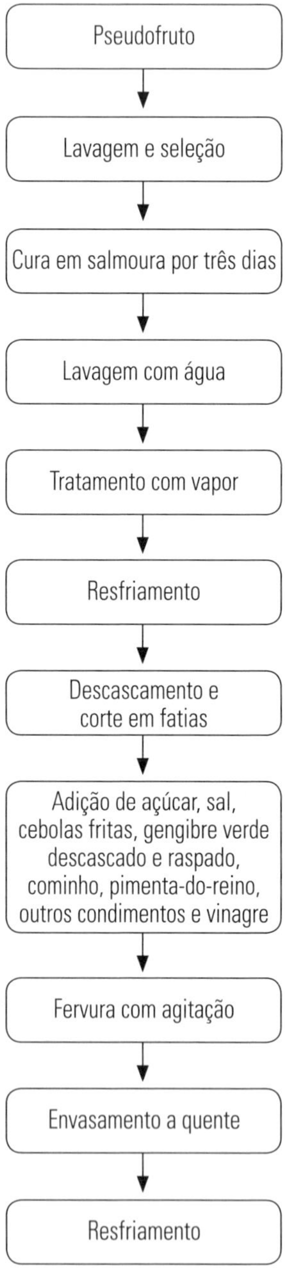

9.9.8. Caju: processamento das castanhas

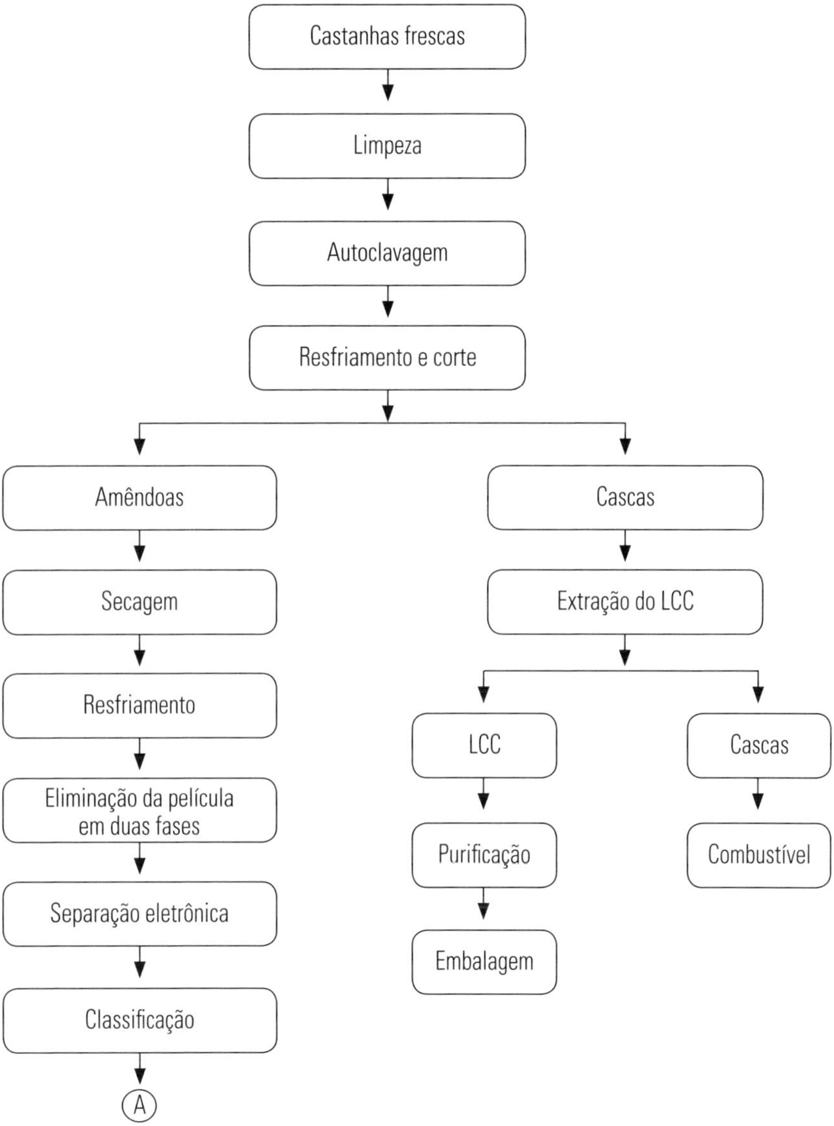

9.9.8. Caju: processamento das castanhas (continuação)

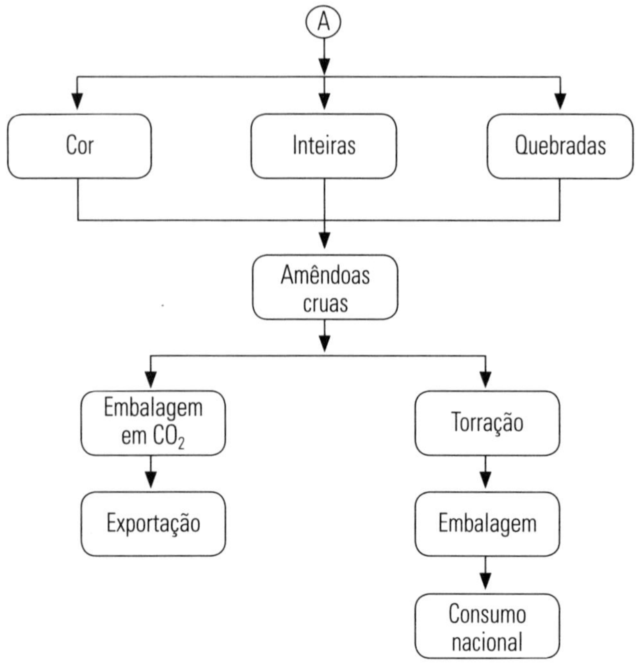

9.9.9. Processamento de fermentado alcoólico de caju

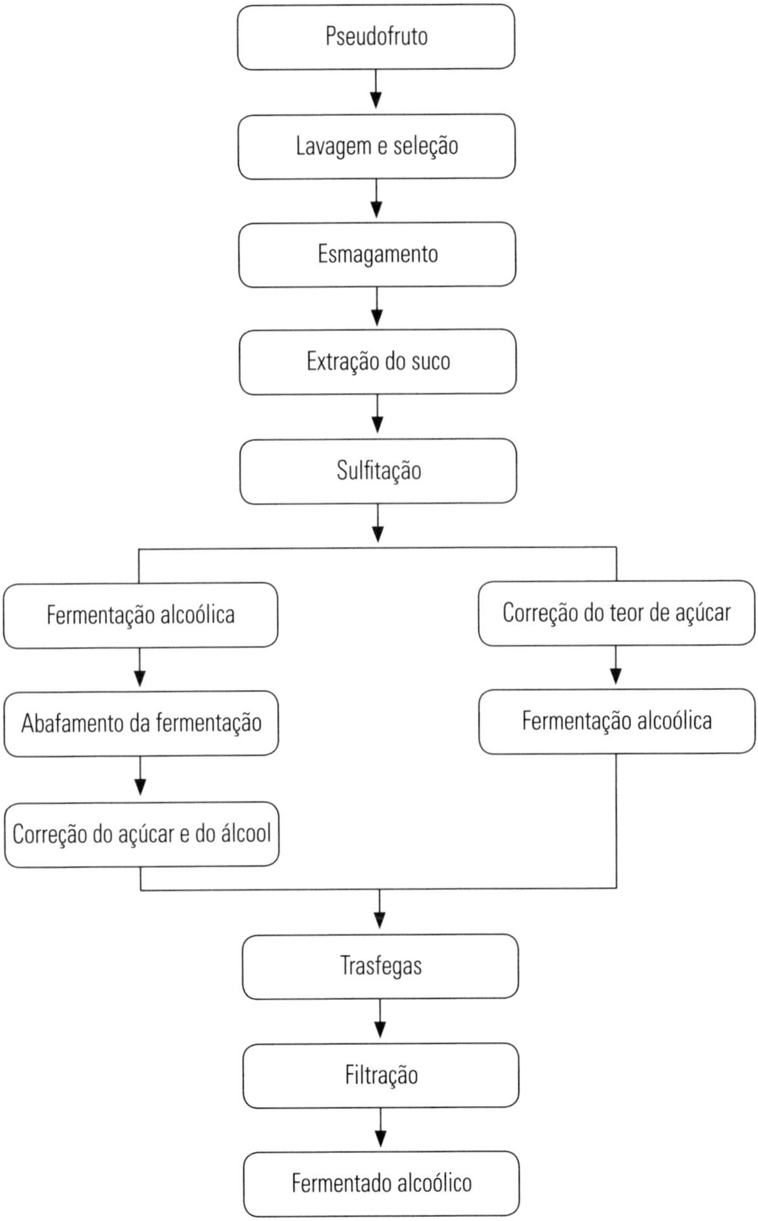

9.9.10. Processamento de licor de caju

10

MAMÃO

O MAMÃO é fruta tropical de múltiplos usos. Seus frutos maduros e verdes são usados para a elaboração de produtos de boa aceitação, tais como doces, polpa, néctar e saladas de frutas. Pectina e papaína são também produtos não alimentares, mas de utilização em alimentos, produtos farmacêuticos e outras indústrias.

A pectina é usada na confecção de geleias e doces e empregada na indústria farmacêutica. A papaína é usada no amaciamento de carnes, na clarificação de cervejas, no isolamento de proteínas, na indústria de couros, extração de látex de seringueira e como medicamento.

O mamão é colhido na fase de maturação e em seguida levado para câmaras de amadurecimento com temperatura controlada a 25°C e com umidade relativa de 85%.

Após a colheita deve ser tratado com fungicida sistêmico por imersão em água quente contendo fungicida, à temperatura de 47 a 49°C, por 20 minutos. Depois é lavado com água clorada com 7 a 10 ppm de cloro livre para desinfestação externa.

Após esses cuidados, as frutas são descascadas manual ou mecanicamente e processadas de acordo com os fluxogramas seguintes.

A desintegração, que é uma das fases de diferentes fluxogramas, é realizada em duas etapas: desintegração em despolpador com peneira de 0,08 mm (0,033 polegada) e acabamento em peneira de 0,5 mm (0,02 polegada). Nos processamentos com enchimento a quente as embalagens são invertidas por 1 a 2 minutos para aquecer e pasteurizar a tampa e depois desviradas para a continuidade do trabalho.

Os produtos de mamão são acidificados com ácido cítrico para abaixar o pH ao redor de 3,7, para que os tratamentos térmicos sejam apenas de pasteurização, sem prejuízo para as qualidades organolépticas.

10.1. Fluxogramas do processamento de produtos de mamão

Os fluxogramas a seguir ilustram as operações gerais de diferentes processamentos.

10.1.1. Processamento de polpa e purê de mamão

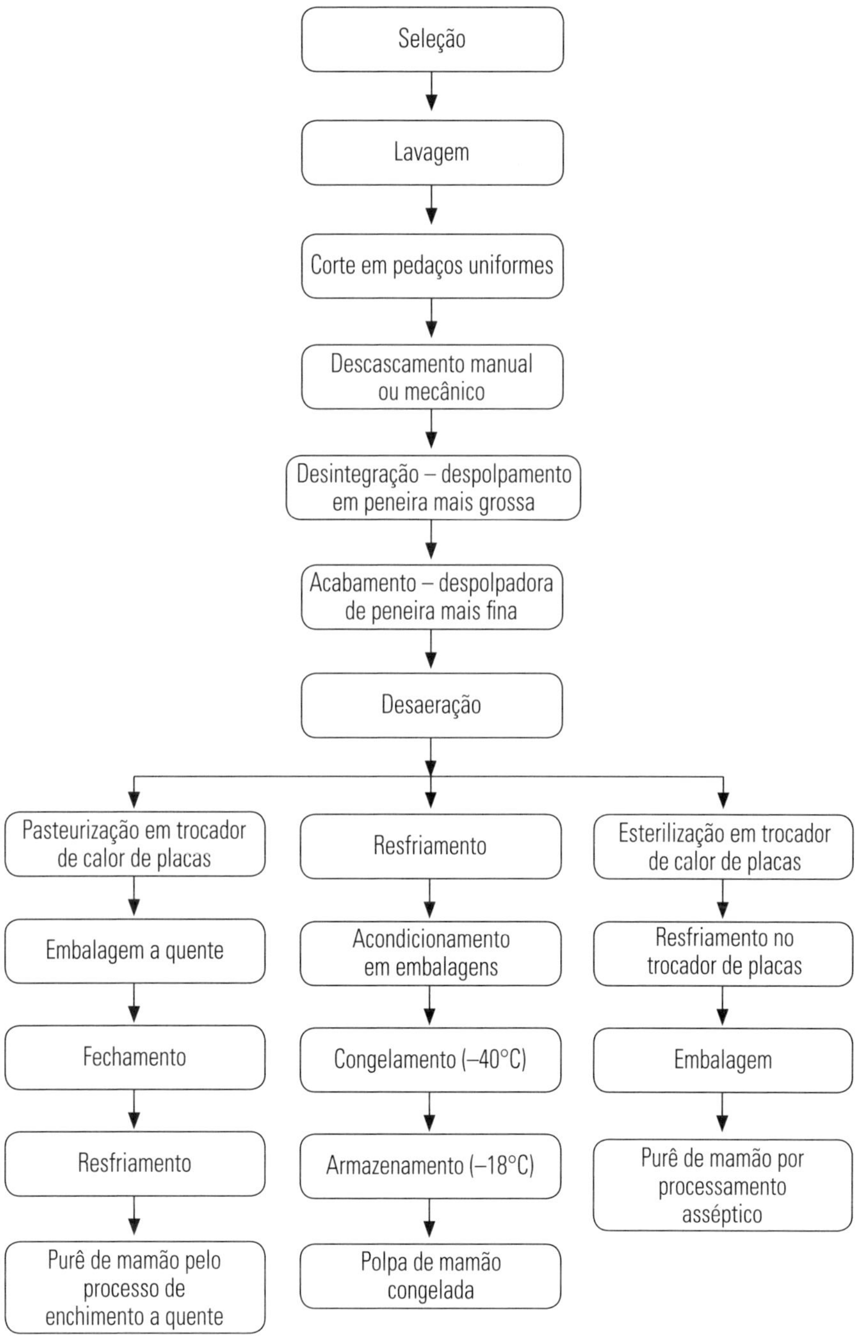

10.1.2. Processamento do néctar de mamão

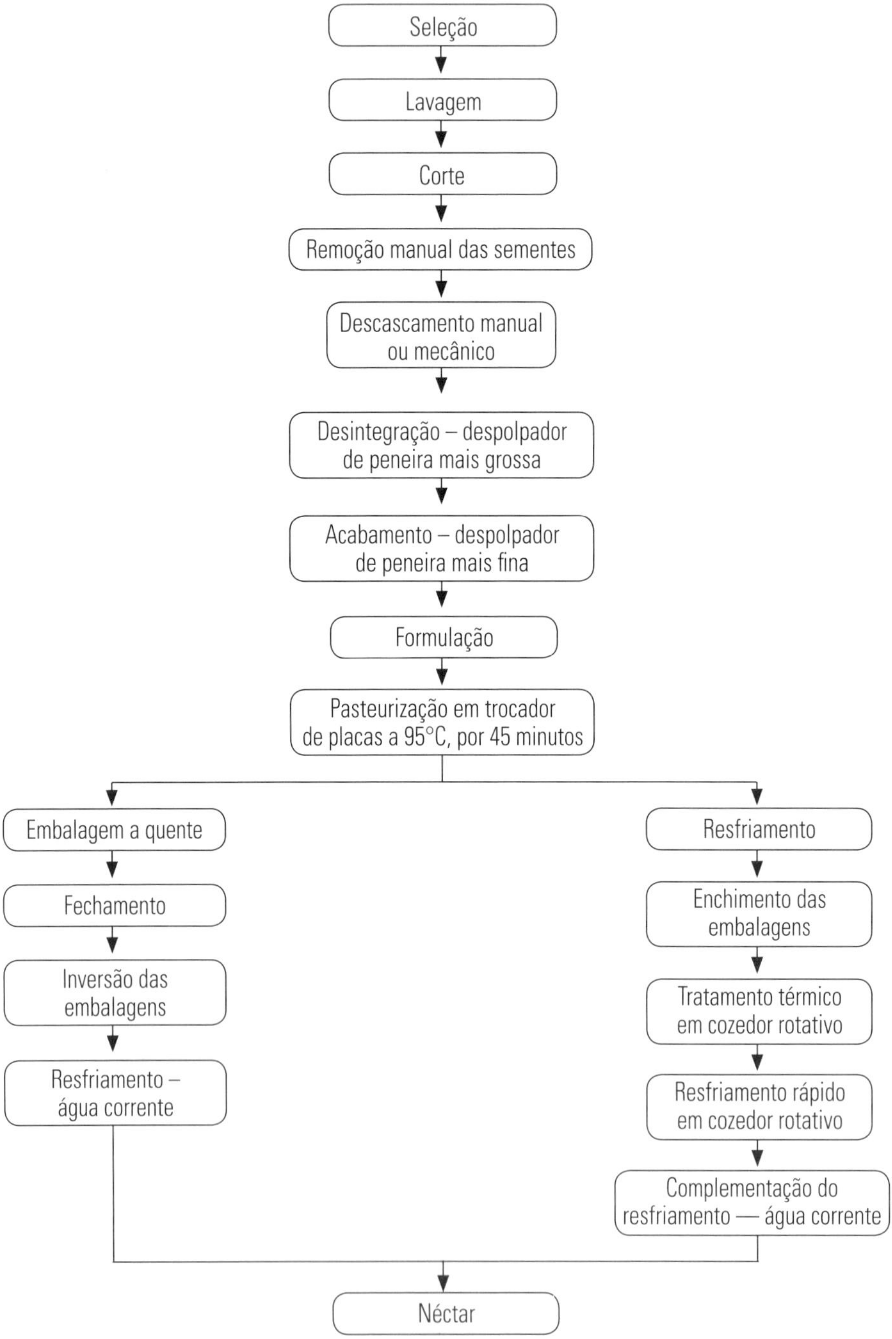

10.1.3. Processamento do néctar de mamão e maracujá

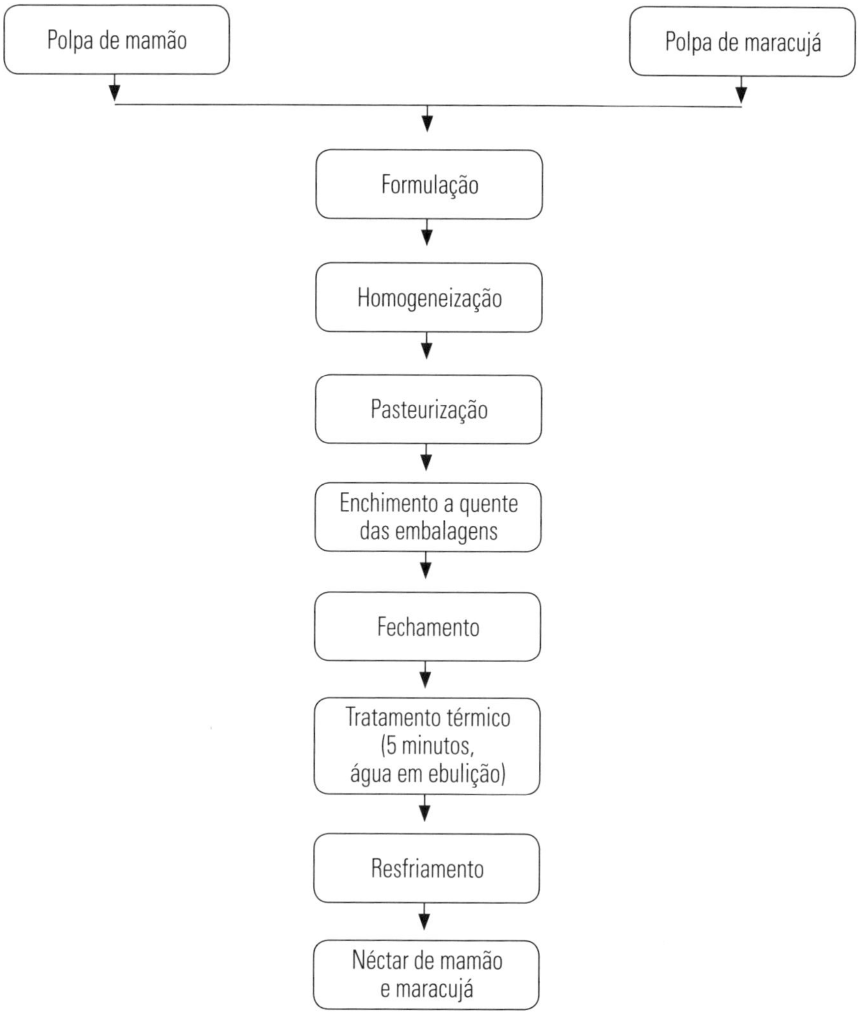

10.1.4. Processamento de mamão em calda

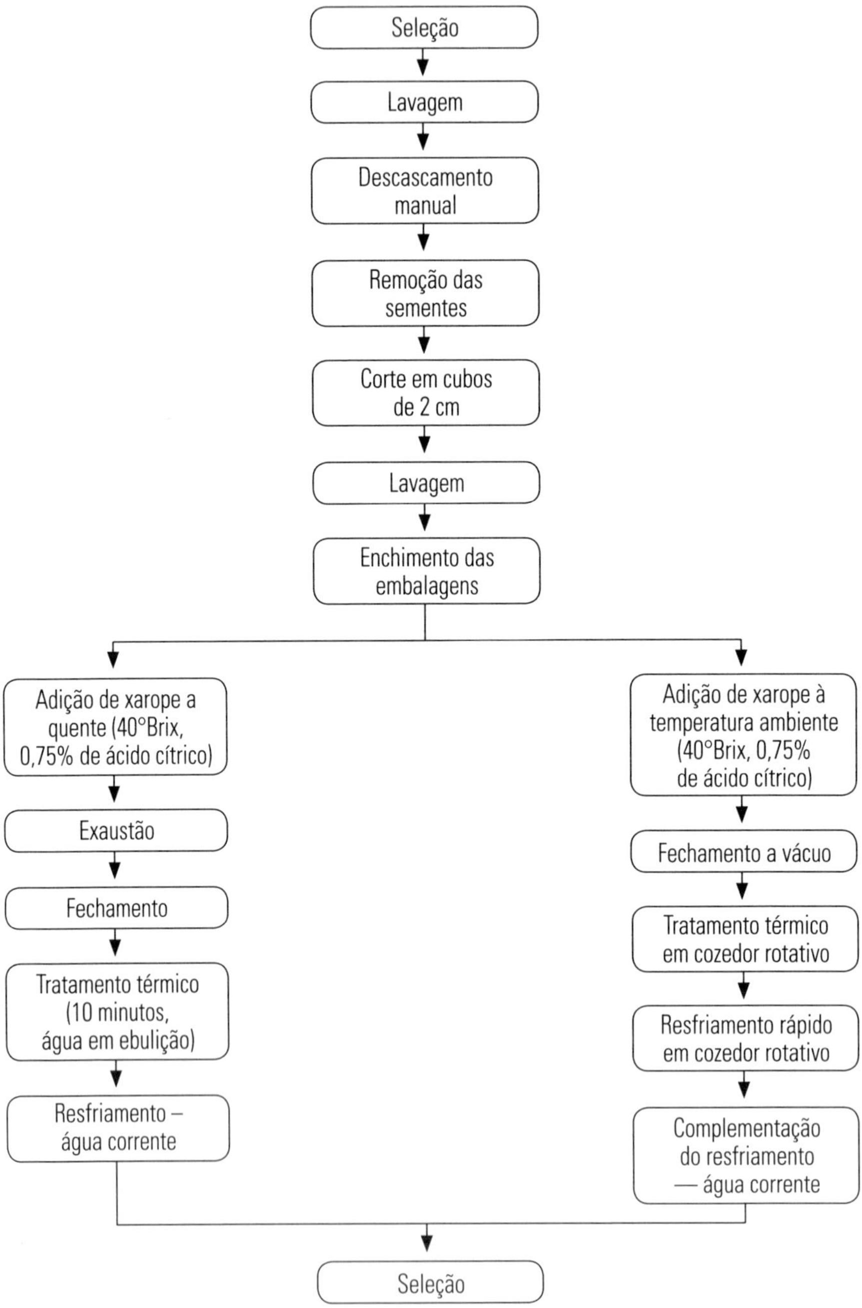

10.1.5. Processamento da salada de frutas tropicais

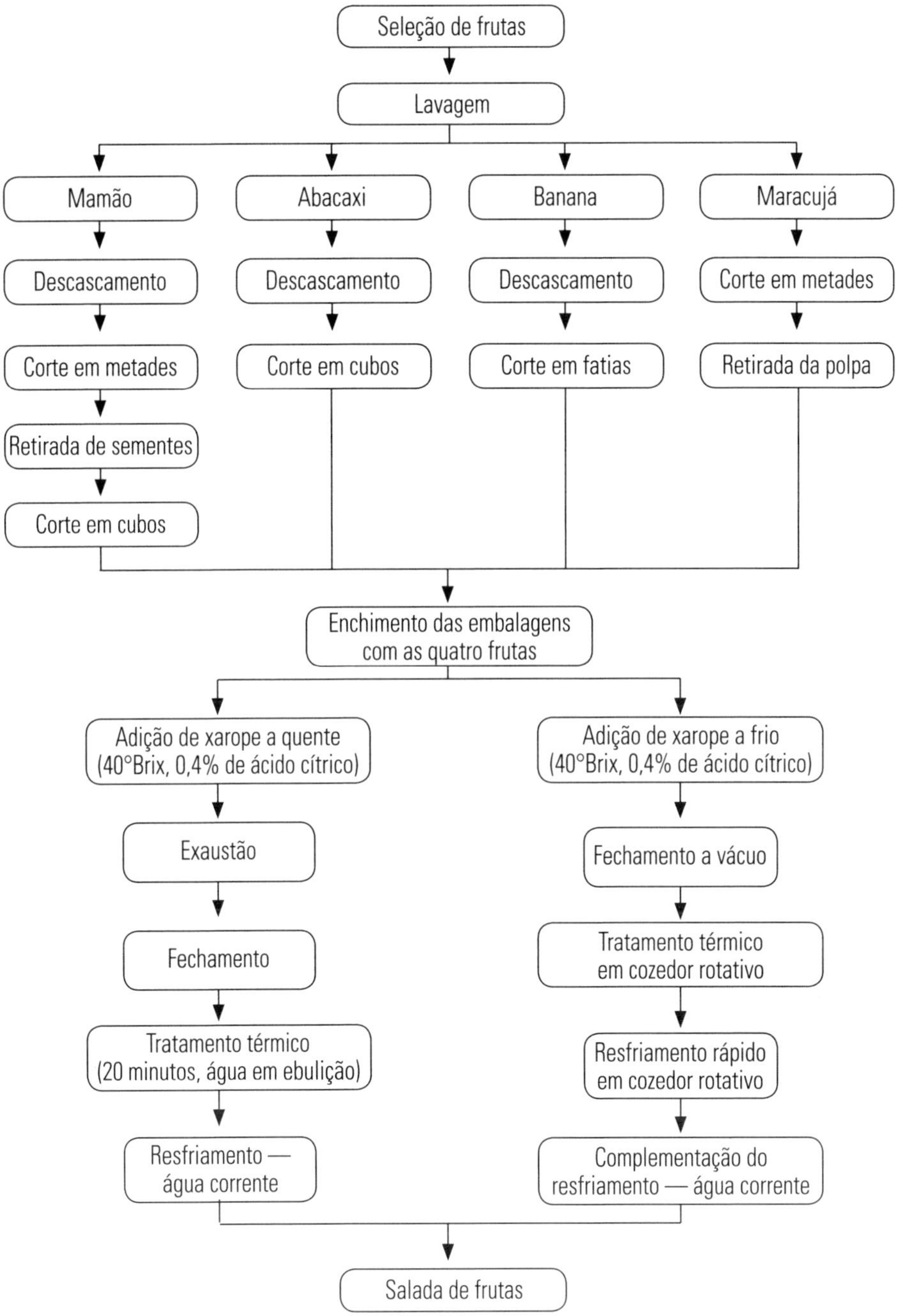

11

MARACUJÁ

DAS diversas variedades, as mais adequadas para a industrialização são as variedades ácidas, sobretudo para a produção de sucos. Com outras podem ser feitos doces e extraída a pectina. Para a venda ao natural, os frutos vão murchando após a colheita, secando e perdendo sua atratividade comercial, ainda que suas qualidades organolépticas não diminuam, ou até melhorem. Há processos de conservação da turgescência dos maracujás ao natural, ainda não usados em larga escala, talvez porque sua comercialização ao natural seja limitada, possivelmente por causa da redução de sua qualidade visual depois de alguns dias de colhido.

11.1. SUCOS

A forma de industrialização mais conhecida é a produção de suco, cuja tecnologia obedece à sequência ilustrada no fluxograma do item 11.9.1. Os frutos devem estar maduros e em perfeito estado de sanidade. O suco é extraído pelo corte das frutas, passagem em um batedor para separar as cascas do líquido e sementes e posterior centrifugação para separar as sementes. Daí eles seguem os caminhos da conservação, um pelo uso de conservantes químicos, outro pela pasteurização e um terceiro por concentração e congelamento.

O suco de maracujá é comercializado concentrado, como suco integral ou como refresco. Os conservantes químicos permitidos pela legislação brasileira são os ácidos sórbico e benzóico e seus sais, dentro das especificações legais.

11.2. Geleia

De acordo com as definições apresentadas no item 4.2, as geleias de maracujá são produzidas com polpa ou suco cozidos em presença de açúcar e concentrados até consistência gelatinosa. O esquema de fabricação está ilustrado no fluxograma do item 11.9.2.

11.3. Licor

O licor de maracujá conhecido comumente é um ratafiá, licor aromático obtido pela maceração da polpa ou do suco em álcool de boa qualidade, de cana-de-açúcar ou de cereais. Depois da maceração é feita a clarificação e adição de xarope de açúcar. A técnica está resumida no fluxograma do item 11.9.6.

11.4. Fermentado alcoólico

Não é comum a fabricação de "vinho de maracujá", mas sua tecnologia obedece, em linhas gerais, ao descrito no item 4.10 e resumido no fluxograma do item 11.9.3.

11.5. Aguardente

O suco fermentado, conforme descrito no item 4.12, permite obter aguardente. Sua tecnologia está resumida no fluxograma do item 11.9.4.

11.6. Pectina

As cascas dos maracujás encerram percentagem significativa de pectina, que pode ser obtida por tecnologia semelhante à que é usada para obtê-la de outras frutas, como a laranja. Essa técnica está resumida no fluxograma do item 11.9.5.

11.7. Subprodutos da extração do suco

Os rejeitos importantes são as sementes e as cascas.

As sementes contêm óleos, ainda não explorados industrialmente, mas de potencial para as indústrias de sabonetes, tintas e, possivelmente, para finalidades comestíveis (item 11.9.7).

As cascas servem para a extração da pectina para ser vendida como tal, ou podem ser usadas para a extração de líquido pectinoso, útil para a confecção de doces, geleias, geleiadas ou polpadas com frutas que não contenham pectina em teor suficiente (item 11.9.5).

Não sendo usadas para obtenção de pectina, podem ser secas, moídas e usadas em rações para animais.

11.8. Equipamentos necessários

Para a obtenção de produtos de maracujá, os equipamentos são os comumente usados em outras indústrias de frutas: balanças, tanques ou condutores de lavagem, mesas ou transportadores para seleção ou preparo, despolpadoras, cortadores de discos, "finishers" ou moinho coloidal, tachos para cozimento, recipientes para resfriamento, sistema de envasamento e concentradores.

11.9. Fluxogramas de processamento de produtos de maracujá

Os fluxogramas que se seguem ilustram as operações gerais de diferentes processamentos.

11.9.1. Processamento do suco de maracujá

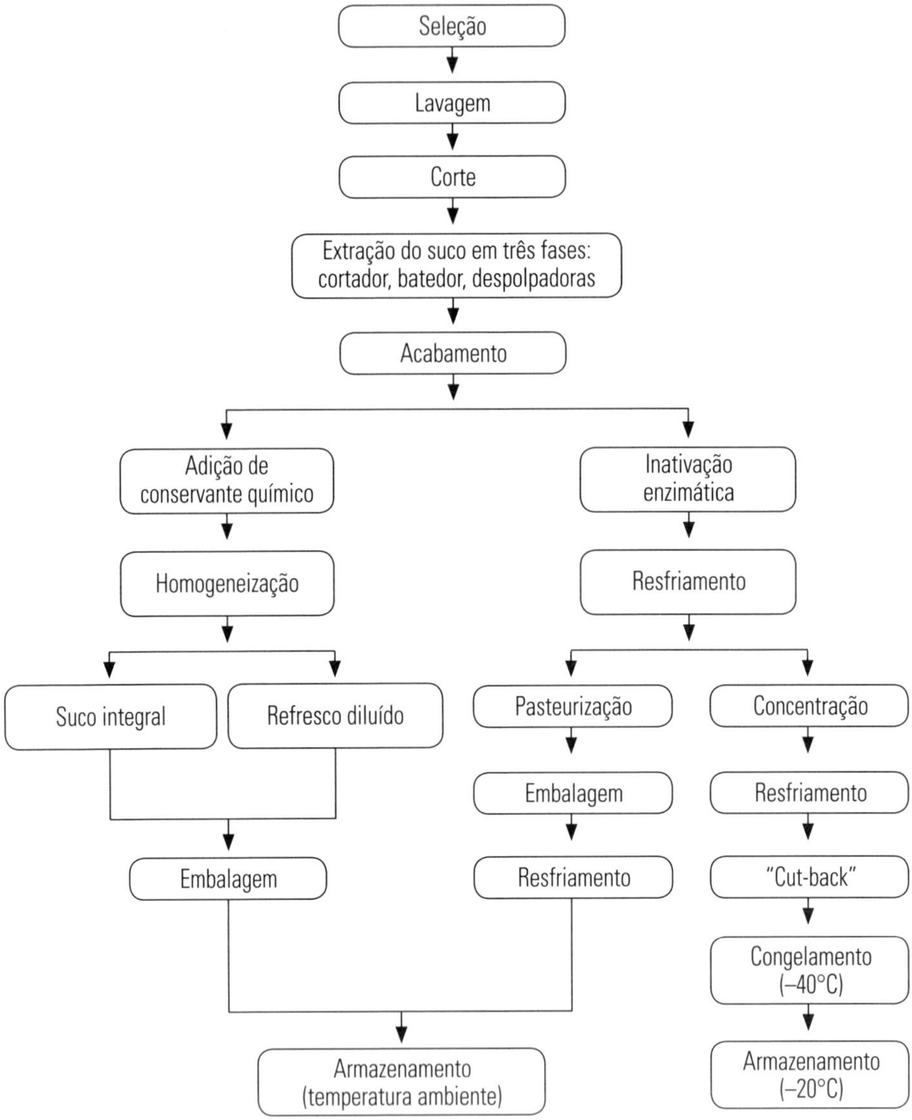

11.9.2. Processamento de geleia

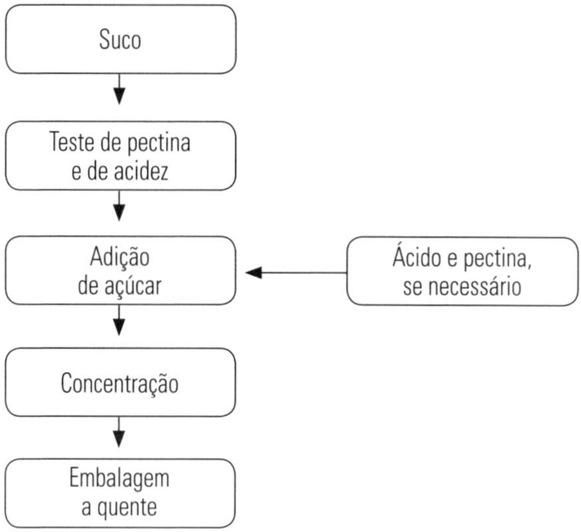

11.9.3. Fermentado alcoólico

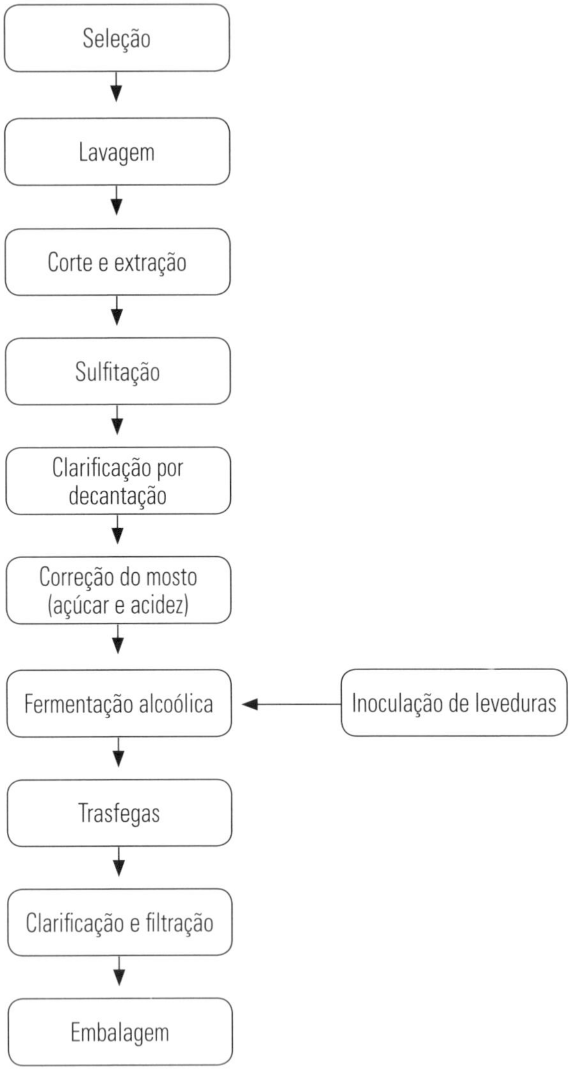

11.9.4. Aguardente

11.9.5. Processamento para obtenção da pectina

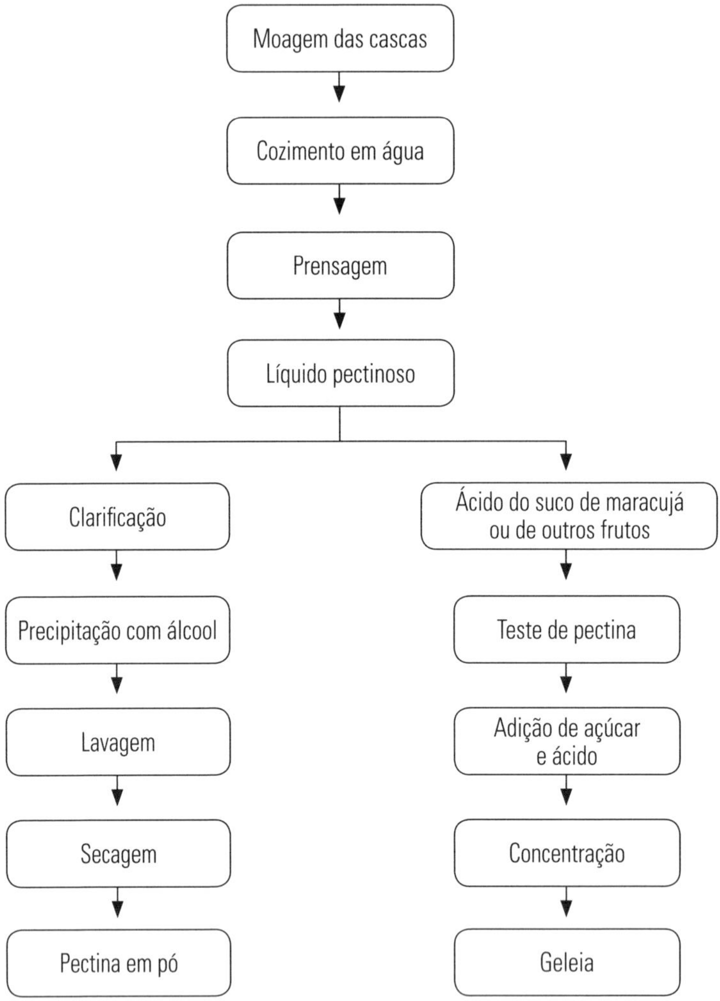

11.9.6. Processamento para produção de licor

11.9.7. Processo de utilização das sementes

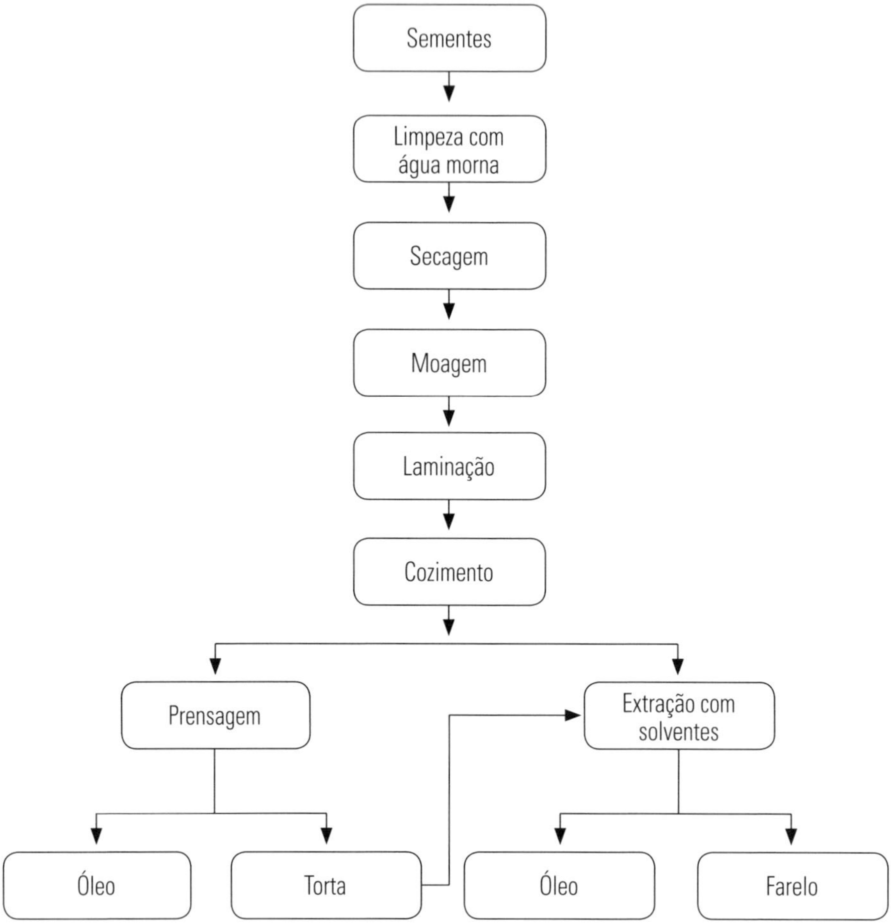

11.9.8. Processamento de salada de frutas

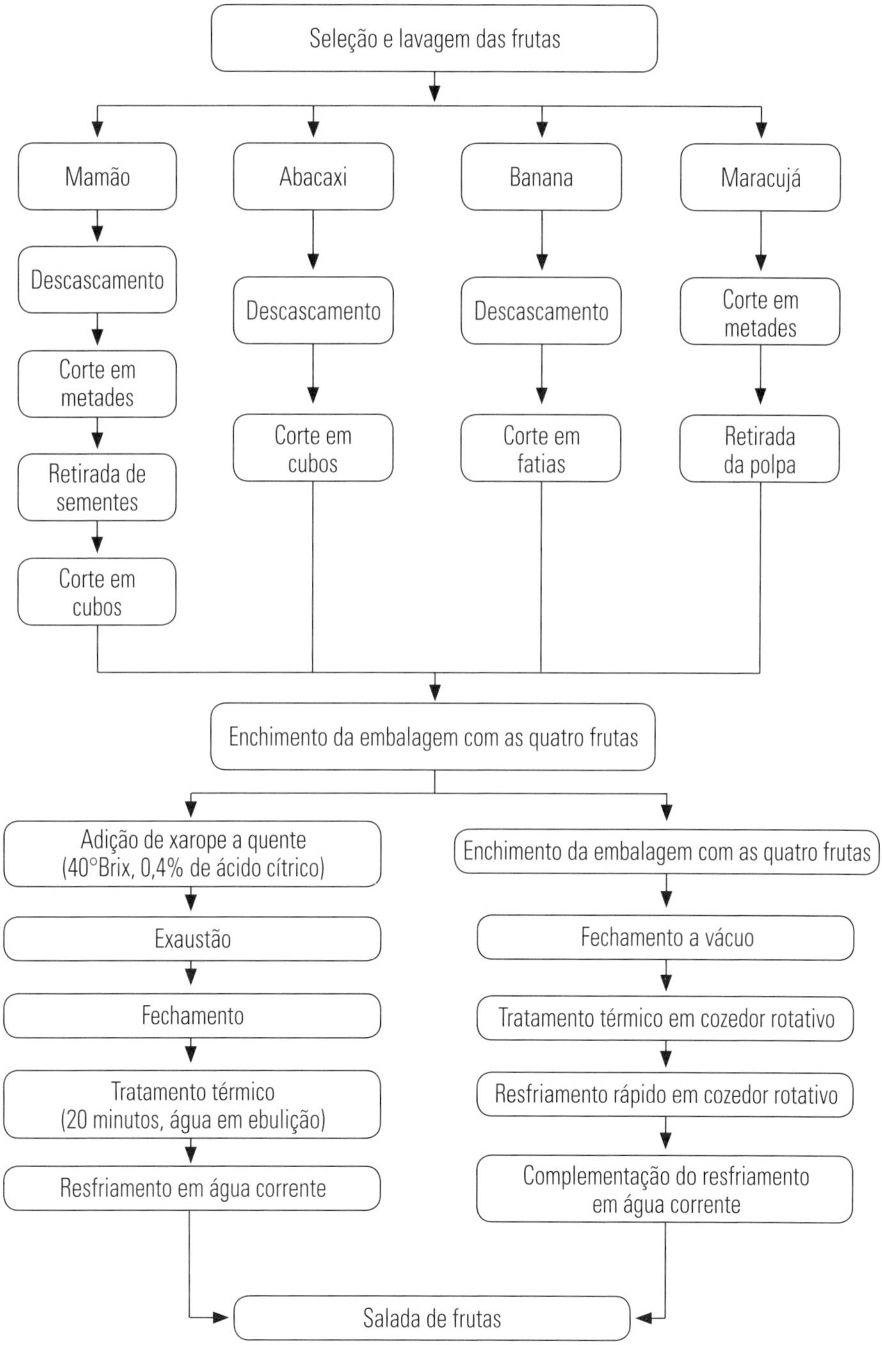

12

Viabilidade econômica

QUANDO se trata de um novo empreendimento, há várias formas de avaliar sua adequação do ponto de vista econômico. Ao se referir a aproveitamento de sobras de safras, é necessário avaliar o volume de matéria-prima sobrante. Se é pequeno, é provável que sua perda seja mais vantajosa se considerada sob o ponto de vista de uma instalação industrial para um único produtor. Entretanto, se as perdas ocorrem em uma região que se pode considerar como de concentração de produção em várias propriedades agrícolas, há que se pensar em um investimento industrial em associação de diversos interessados. A matéria-prima será proveniente de diversos produtores e a somatória de todos os excessos de safra poderá significar um volume de matéria-prima satisfatório para industrializar.

Há frutas que devem ser manufaturadas muito rapidamente porque são produzidas em safras curtas, ou porque são de duração muito limitada por causa da alta perecibilidade. O curto período de safra ou a senescência muito rápida exigem processamento rápido. Se a produção agrícola é volumosa para compensar os inconvenientes citados, sua industrialização deve ser de grandes dimensões, para o uso em um curto período. Para evitar ou reduzir os custos da ociosidade, a instalação deve ser projetada para operar com diversas matérias-primas.

Dada a natureza deste trabalho, não há como apresentar um cálculo para cada indústria, mas é possível fazer uma indicação, útil para dar ao produtor em potencial orientações sobre como proceder para estudar a viabilidade econômica da implantação de uma indústria. Além da disponibilidade e fornecimento da matéria-prima, devem ser considerados a capacidade mínima de produção, o custo do equipamento, o investimento total e os custos de operação.

Dentro da capacidade mínima, deve ser estabelecida a capacidade de uma linha principal de operação, completada com as linhas de produção complementares, capazes de usar a matéria-prima disponível sem alterações fundamentais na linha de produção. Nesse estudo devem ser considerados:

- Equipamento para processamento — Constituído de todas as máquinas e aparelhos para fabricar o produto industrial (balança, talhas, lavadoras, transportadoras, autoclaves, tachos, resfriadores, medidores, envasadoras, recravadoras e outros).
- Equipamentos auxiliares — Geradores de vapor, empilhadeiras, câmaras de refrigeração, tratamento de água, oficinas e outros que não participam diretamente do processamento.

12.1. Custos do investimento

12.1.1. Investimento total

a) Custos da construção civil: terreno e edifícios.

b) Custos dos equipamentos: processamento e auxiliares.

c) Custos de instalação dos equipamentos: avaliados em 30% do item b.

d) Custos do projeto, engenharia e supervisão: avaliados em 6% dos itens a + b + c.

e) Eventuais: avaliados em 10% do total dos itens a + b + c.

12.1.2. Custos de produção industrial

a) Custos fixos anuais

As taxas citadas a seguir, estimadas para cálculo de previsão, são indicadas e passíveis de reavaliação, de acordo com o comportamento da economia.

a.1) Juros sobre os investimentos fixos, a uma taxa anual de mercado, por exemplo, de 12%.

a.2) Depreciação sobre os edifícios, taxa anual de 5 a 10%.

a.3) Depreciação dos equipamentos, taxa anual de 10%.

a.4) Despesas de manutenção, taxa anual de 5% sobre o valor do equipamento.

b) Custos variáveis anuais.

b.1) Despesas operacionais: água, vapor, combustíveis, energia elétrica.

b.2) Matéria-prima industrial: o custo varia de acordo com a origem, se do próprio produtor ou de terceiros, influenciado pela sazonalidade e pelo volume de oferta. Depende também dos custos de colheita, do transporte do campo para a fábrica, acondicionamento, carga, lavagem, amarração, descarga e armazenamento, entre outros.

b.3) Mão-de-obra industrial contando com um, dois ou três turnos.

b.4) Embalagem e acondicionamento do produto final.

b.5) Armazenamento.

12.2. Balanço material, energético e outros

A implantação de uma instalação industrial exige estudos detalhados de localização, volume de matéria-prima, mercado e outros fatores que definirão a economicidade do empreendimento.

Não havendo uma decisão específica sobre a industrialização de determinada matéria-prima, é difícil generalizar. Entretanto, em uma publicação deste gênero é necessário apresentar exemplos numéricos, que podem ser exagerados ou subdimensionados, mas que servem de orientação. Trata-se de um trabalho didático.

Para os exemplos, foram escolhidas algumas frutas aleatoriamente e um volume de produção considerado adequado para uma pequena indústria, com versatilidade para trabalhar com mais de uma matéria-prima.

Os exemplos permitem calcular capacidades de acordo com o volume e a qualidade de matéria-prima que haverá à disposição e também de acordo com a embalagem mais adequada ao tipo de comércio do produto. Por exemplo, se a venda será em lotes de 18 kg, o número será menor do que se a embalagem for de 1 kg ou de 3 kg, ou outra qualquer de menor capacidade. Ainda que as embalagens normalmente usadas apresentem dimensões e capacidades diferentes, os exemplos conduzem a cálculos de ajuste muito simples.

12.2.1. Produção de polpas

Este tipo de produto é apropriado para diversas frutas, como abacaxi, goiaba, mamão, marmelo, escolhidas para os exemplos. As polpas são comercializadas em latas de 18 kg ou menores, ou são utilizadas ao longo do ano para produção de doces em massa, geleias, geleiadas e polpadas. Para outras frutas adequadas, citadas na Tabela 2, o raciocínio a seguir é o mesmo, mas as quantidades a serem produzidas dependem do volume de sua produção.

Abacaxi

Matéria-prima: .... 20 toneladas diárias
Época de produção: .... de novembro a fevereiro: 120 dias
Total de matéria-prima: .... 2.400 toneladas/ano
Total de horas: .... 960 horas
Produção de polpa: .... 2.198 toneladas (peso líquido)
Latas de polpa de 1 kg: 2.373.840
Energia em kWh: 200
Combustível: .... 100 toneladas
Mão-de-obra: .... 1 turno
Chefe de fabricação: 1
Auxiliares: 12

Goiaba

Matéria-prima: .... 20 toneladas diárias
Época de produção: .... fevereiro a março: 60 dias
Total de matéria-prima: .... 1.200 toneladas/ano
Total de horas: .... 480 horas
Produção de polpa: .... 1.099 toneladas
Latas de polpa de 1 kg: 1.186.920
Energia em kWh: 200
Combustível: .... 50 toneladas
Mão-de-obra: .... 1 turno
Chefe de fabricação: 1
Auxiliares: 12

Mamão

Matéria-prima: .... 20 toneladas diárias
Época de produção: .... abril a julho
Total de matéria-prima: .... 2.400 toneladas/ano
Total de horas: .... 960 horas
Produção de polpa: .... 1.979 toneladas

Latas de polpa de 1 kg: 2.137.320
Energia em kWh: 200
Combustível: .... 100 toneladas
Mão-de-obra: .... 1 turno
Chefe de fabricação: 1
Auxiliares: 12

Marmelo

Matéria-prima: .... 20 toneladas diárias
Época de produção: .... fevereiro a março
Total de matéria-prima: .... 1.200 toneladas/ano
Total de horas: .... 480 horas
Produção de polpa: .... 1.099 toneladas
Latas de polpa de 1 kg: 1.186.920
Energia em kWh: 200
Combustível: .... 50 toneladas
Mão-de-obra: .... 1 turno
Chefe de fabricação: 1
Auxiliares: 12

12.2.2. Produção de compotas

As frutas mais usadas são goiaba, abacaxi, cidra, figo, manga, pêra e pêssego. Estipulando-se um volume de produção diário, como há necessidade de uma boa seleção, as frutas que excederem e que não se enquadrarem nas exigências para esse tipo de produto serão encaminhadas para outra linha de produção, como suco, polpa, geleias e outras. A Tabela 2 faz referência a outras frutas adequadas para esse tipo de processamento.

Abacaxi

Matéria-prima: .... 18 toneladas diárias
Época de produção: .... novembro a fevereiro = 120 dias
Total de matéria-prima: .... 2.160 toneladas
Total de horas: .... 960 horas
Produção de compotas: .... 1.530 toneladas
Latas de compotas de 1 kg: 1.585.492
Energia em kWh: 200
Combustível: .... 90 toneladas
Mão-de-obra: .... 1 turno
Chefe de fabricação: 1
Auxiliares: 16

Cidra

Matéria-prima: .... 160 quilogramas diários
Época de produção: .... abril a maio
Total de matéria-prima: .... 10 toneladas/ano

Total de horas: ...480 horas
Produção de compotas: ...5.913 kg
Latas de compotas de 1 kg: ...6.120
Energia em kWh: ...200
Combustível: ...1 tonelada
Mão-de-obra: ...1 turno
Chefe de fabricação: ...1
Auxiliares: ...2

Figo

Matéria-prima: ...18 toneladas diárias
Época de produção: ...dezembro a maio
Total de matéria-prima: ...3.240 toneladas/ano
Total de horas: ...1.440 horas
Produção de compotas: ...4.257 toneladas
Latas de compotas de 1 kg: ...4.597.560
Energia em kWh: ...200
Combustível: ...90 toneladas
Mão-de-obra: ...1 turno
Chefe de fabricação: ...1
Auxiliares: ...16

Goiaba

Matéria-prima: ...10 toneladas diárias
Época de produção: ...fevereiro e março = 60 dias
Total de matéria-prima: ...600 toneladas/ano
Total de horas: ...480 horas
Produção de compotas: ...459 toneladas de peso líquido
(rendimento = 50% e 54% de xarope)
Latas de compotas de 1 kg: ...495.720
Energia em kWh: ...200
Combustível: ...30 toneladas
Mão-de-obra: ...1 turno
Chefe de fabricação: ...1
Auxiliares: ...16

Manga

Matéria-prima: ...10 toneladas diárias
Época de produção: ...outubro a fevereiro
Total de matéria-prima: ...1.500 toneladas/ano
Total de horas: ...1.200 horas
Produção de compotas: ...876 toneladas
Latas de compotas de 1 kg: ...946.080
Energia em kWh: ...200
Combustível: ...30 toneladas
Mão-de-obra: ...1 turno

Chefe de fabricação: 1
Auxiliares: 12

Pêra

Matéria-prima: .... 2 toneladas diárias
Época de produção: .... dezembro a março
Total de matéria-prima: .... 240 toneladas/ano
Total de horas: .... 960 horas
Produção de compotas: .... 245 toneladas
Latas de compotas de 1 kg: 264.600
Energia em kWh: 200
Combustível: .... 10 toneladas
Mão-de-obra: .... 1 turno
Chefe de fabricação: 1
Auxiliares: 7

Pêssego

Matéria-prima: .... 1 tonelada diária
Época de produção: .... outubro a janeiro
Total de matéria-prima: .... 120 toneladas/ano
Total de horas: .... 960 horas
Produção de compotas: .... 105 toneladas
Latas de compotas de 1 kg: 113.400
Energia em kWh: 200
Combustível: .... 5 toneladas
Mão-de-obra: .... 1 turno
Chefe de fabricação: 1
Auxiliares: 7

12.2.3. Produção de sucos

Os sucos mais comuns são os de laranja e outros cítricos, abacaxi, uva, maracujá, caju e maçã. Outros podem ser obtidos, como os citados na Tabela 2, e o sucesso comercial depende da disponibilidade de matéria-prima.

Abacaxi

Matéria-prima: .... 20 toneladas diárias
Época de produção: .... novembro a dezembro = 60 dias
Total de matéria-prima: .... 1.200 toneladas
Total de horas: .... 480 horas
Produção de suco simples: .... 720.000 kg
Frascos de 500 mL: 1.440.000
Energia: .... 200 kWh instalada (uso 70%)
Vapor: .... 3.000 kg/h instalada (uso 70%)
Água: .... 5 m^3/h
Mão-de-obra: .... 1 turno

Chefe de fabricação: 1
Auxiliares: 15

Laranja

Matéria-prima: .... 20 toneladas diárias
Época de produção: .... fevereiro a novembro: 300 dias
Total de matéria-prima: .... 6.000 toneladas/ano
Total de horas: .... 2.400 horas
Produção de suco concentrado de 65°Brix: .... 542.400 kg
Suco simples com 11-12°Brix: .... 2.700.000 kg
Óleo essencial: .... 18.000 kg
Resíduos: .... 3.000.000 kg
Ração animal: .... 37.500 kg
Melaço cítrico: .... 19.500 kg
Latas de suco concentrado de 1 kg: 570.947
Energia: .... 100 kWh instalada (uso 70%)
Vapor: .... 3.000 kg/h instalada (uso 70%)
Água: .... 1 m^3/t = 3 m^3/h
Mão-de-obra: .... 1 turno
Chefe de fabricação: 1
Auxiliares: 20

Maracujá

Matéria-prima: .... 20 toneladas diárias
Época de produção: .... janeiro a maio = 150 dias
Total de matéria-prima: .... 3.000 toneladas/ano
Total de horas: .... 1.200 horas
Produção de suco simples: .... 750.000 litros
Suco concentrado de 35°Brix: .... 415.000 kg
Latas de suco concentrado de 1 kg: 436.842
Energia: .... 100 kWh instalada (uso 70%)
Vapor: .... 3.000 kg/h instalada (uso 70%)
Água: .... 5 m^3/h
Mão-de-obra: .... 1 turno
Chefe de fabricação: 1
Auxiliares: 10

Uva

Matéria-prima: .... 20 toneladas diárias
Época de produção: .... dezembro a janeiro = 60 dias
Total de matéria-prima: .... 1.200 toneladas/ano
Total de horas: .... 480 horas
Produção de suco simples 15-16°Brix: .... 300.000 kg
Frascos de 500 mL: 600.000
Energia: .... 100 kWh instalada (uso 70%)

Vapor: 3.000 kg/h instalada (uso 70%)
Água: 1 m^3/h
Mão-de-obra: 1 turno
Chefe de fabricação: 1
Auxiliares: 10

12.2.4. Produção de geleias

Podem ser preparadas da fruta ao natural, de suco ou de polpa conservada. Goiaba, laranja, maracujá, jabuticaba, maçã, marmelo, morangos e outras frutas ricas em pectina são adequadas para a obtenção de geleias. Comercialmente, as geleias de abacaxi e figo têm aceitação.

Abacaxi

Matéria-prima: 20 toneladas diárias
Época de produção: novembro a dezembro = 60 dias
Total de matéria-prima: 1.200 toneladas
Total de horas: 400 horas
Partindo do suco simples: 720 toneladas
Açúcar: 720 toneladas
Total de geleias: 1.440 toneladas
Embalagens de vidro de 300 g: 4.800.000
Energia: 10 kWh
Vapor: 200 kg/h
Água: 1 m^3/t
Mão-de-obra: 1 turno
Chefe de fabricação: 1
Auxiliares: 12

Goiaba

Matéria-prima: 20 toneladas diárias
Época de produção: fevereiro a março = 60 dias
Total de matéria-prima: 1.200 toneladas/ano
Total de horas: 480 horas
Partindo da polpa: 1.099 toneladas
Açúcar: 1.099 toneladas
Total de geleias: 2.198 toneladas/ano
Embalagens de vidro de 300 g: 73.266.000
Energia: 10 kWh
Vapor: 200 kg/h
Água: 1 m^3/t
Mão-de-obra: 1 turno
Chefe de fabricação: 1
Auxiliares: 12

Jabuticaba

Matéria-prima: 2 toneladas diárias
Época de produção: novembro = 30 dias
Total de matéria-prima: 60 toneladas/ano
Total de horas: 240 horas
Partindo do suco: 30 toneladas
Açúcar: 30 toneladas
Total de geleias: 60 toneladas
Embalagens de vidro de 300 g: 200.000
Energia: 10 kWh
Vapor: 200 kg/h
Água: 1 m³/t
Mão-de-obra: 1 turno
Chefe de fabricação: 1
Auxiliares: 12

Maracujá

Matéria-prima: 20 toneladas diárias
Época de produção: fevereiro a abril = 90 dias
Total de matéria-prima: 1.800 toneladas
Total de horas: 720 horas
Partindo do suco simples: 450 toneladas
Açúcar: 315 toneladas
Total de geleias: 765 toneladas
Embalagens de vidro de 300 g: 2.550.000
Energia: 10 kWh
Vapor: 200 kg/h
Água: 1 m³/t
Mão-de-obra: 1 turno
Chefe de fabricação: 1
Auxiliares: 12

Laranja

Matéria-prima: 20 toneladas diárias
Época de produção: fevereiro a novembro = 300 dias
Total de matéria-prima: 6.000 toneladas
Total de horas: 2.400 horas
Partindo do suco simples: 2.700 toneladas
Açúcar: 2.700 toneladas
Total de geleia: 5.400 toneladas
Embalagem de vidro de 300 g: 18.000.000 vidros
Energia: 10 kWh
Vapor: 200 kg/h
Água: 1 m³/t
Mão-de-obra: 1 turno
Chefe de fabricação: 1
Auxiliares: 12

13

Receitas de preparações com frutas

As frutas ao natural, ou conservadas, são muito utilizadas para a confecção de aperitivos, coquetéis, "hors d'oeuvres", saladas, sobremesas, ponches, licores, produtos de pastelaria e confeitaria, sorvetes, refrescos e molhos.

13.1. Aperitivos

Como aperitivos, os frutos podem ser usados em canapés, coquetéis e "hors d'oeuvres".

Canapé

1 – Misturar passas moídas com creme de leite e suco de limão, juntar massa de queijo branco, amolecer com molho de salada ou com óleo, sal e vinagre, para espalhar facilmente. Passar no pão, em torradas ou biscoitos de água e sal, e enfeitar com amoras, framboesas, pedaços de morango, abacaxi, uva e outros. Servir com coquetel.

2 – Fazer um xarope de açúcar aromatizado com canela e ferver nele pedaços de maçã descascada, até amolecer e engrossar. Adicionar suco de laranja com limão, misturar com passas, pedacinhos de abacaxi (ou de outra fruta) e de amêndoas torradas (ou outra fruta seca). Servir sobre meia maçã ou pêra, escavadas para retirar o miolo.

"Hors d'oeuvres"

Há várias maneiras de apresentar:

1 – Abricós, damascos ou pêssegos condimentados, rodelas de maçã azeda, uvas brancas, ameixas, pedaços de melão condimentado.

2 – Maçãs recheadas com massa de queijo branco condimentado. Fazer um furo cilíndrico para retirar o miolo, encher com o queijo, esfriar bem e cortar em rodelas.

3 – Ameixas secas, nectarinas, nêsperas recheadas. Retirar o caroço e rechear com maçã, passas ou creme de leite com pedacinhos de outras frutas, incluindo frutas cristalizadas.

Coquetéis

Os coquetéis de frutas são combinações de sucos de frutas, com pedacinhos de fruta ou não, adoçados e adicionados de água e bebidas gasosas, de destilados, sidras ou vinhos espumantes. São bom acompanhamento para canapés e "hors d'oeuvres".

13.2. Sobremesas

Ao natural, sós ou acompanhadas de queijos, são boas sobremesas, tanto quanto as compotas, frutas em calda, "mousses" e tortas.

"Mousses"

As "mousses" são produtos delicados, cuja base é constituída de creme, clara e gelatina, os quais lhes conferem um caráter espumoso, de onde vem o nome. As frutas podem ser combinadas, dando origem a produtos de boa consistência e sabor excelente. Por causa de sua composição, e porque normalmente são conservadas frias, as "mousses" são boas sobremesas ou complementos para outras ocasiões. O café da manhã é uma delas.

As "mousses" de frutas não precisam encerrar cremes e claras. Sua consistência pode provir do emprego de gelatina e açúcar. Neste caso, alguns autores de material de culinária costumam denominar apenas de "espuma", diferenciando as preparações pela simples tradução de "mousse".

Há muitas receitas. Uma delas pode ser obtida como segue: tomar 10 g de gelatina incolor e insípida, adicionar 50 mL de água fria, deixar hidratar por 2 a 3 minutos e dissolver com a adição de 200 mL de água quente. Tomar 1 lata de leite condensado e misturar, em uma batedeira, com 500 a 800 g de amoras, framboesas, morangos, uvaias, ou de sucos e polpas preparadas. As frutas ao natural são reduzidas a polpa. Sobre as frutas assim preparadas é adicionada a gelatina dissolvida e o todo é submetido a um batimento forte, para a incorporação de ar. Em seguida é feita a distribuição em taças e a colocação em refrigerador, por 3 horas, quando estará pronta para servir. O enfeite com claras em neve, pedaços de frutas ou outro complemento qualquer depende de preferência de quem prepara.

Para o preparo de "espuma", não é usado leite condensado, mas é necessário adicionar açúcar, ou xarope de açúcar, sobre as frutas ou suco, e a quantidade também é determinada por quem prepara.

Tortas

As tortas se enquadram entre os produtos de confeitaria e são usadas como sobremesa ou em outras ocasiões, como as reuniões para cafés ou chás da tarde. Há muitas receitas e formas de fazer. Um exemplo é encontrado entre os produtos de confeitaria, no item 19.4.

13.3. Produtos de pastelaria

Embora não seja muito comum, frutas ao natural, compotas, frutas em calda e doces em massa são usados na confecção de pastéis fritos ou assados.

Pastéis recheados de banana, maçã, goiabada e marmelada são tão apreciados como bananas e maçãs a milanesa. Para sua preparação não há necessidade de receitas; basta comprar as massas prontas, recheá-las com frutas ao natural condimentadas ou aromatizadas com especiarias e fritar. O recheio também pode ser feito de compotas, doces em calda e em massa. Ao servir, é costume polvilhar com açúcar, canela em pó ou mistura de especiarias.

Nos restaurantes é comum encontrar bananas, maçãs e nozes carameladas; depois de empanadas e fritas, são passadas por calda de caramelo.

São também conhecidas as pizzas guarnecidas com compotas, frutas em calda e frutas ao natural, as panquecas e "esfihas" recheadas com geleias, marmeladas e frutas em calda.

13.4. Produtos de confeitaria

As frutas, ao natural ou transformadas, são largamente usadas em confeitaria. "Croissants", "donuts", "petit-fours", biscoitos variados são encontrados recheados com frutas ou seus produtos.

Panetones e bolos são recheados com frutas cristalizadas e dessecadas e os rocamboles, com doces em massa ou geleias. As tortas são muito apreciadas, assim como os bolos e pães-de-ló com cobertura de frutas, tais como morango, abacaxi, tangerina, kiwi e tantas outras que a imaginação cria.

Tortas

Há uma grande variedade de receitas e modos de preparar. Uma muito apreciada é a que a seguir se descreve.

▶ *Preparo da massa*

Ingredientes: 280 g de farinha de trigo, 125 g de margarina, 1 ovo, uma pitada de sal e 100 mL de água.

Preparação: Misturar os ingredientes e deixar descansar por uma hora ou mais.

▶ *Preparo do recheio*

Ingredientes: 30 g de farinha de trigo, 100 g de açúcar, 6 fatias de abacaxi ao natural, 100 mL de caldo de abacaxi, 400 mL de água quente, 2 ovos e 10 a 20 mL de caldo de limão.

Preparação do creme: misturar a farinha e o açúcar em uma panela; adicionar o caldo de abacaxi e a água quente, levar ao fogo e ferver por 3 minutos, mexendo constantemente. Bater os ovos com o caldo de limão e adicionar ao creme obtido.

Interromper o aquecimento e, fora do fogo, adicionar o abacaxi cortado em pedacinhos, voltar ao fogo fraco até engrossar. Esfriar.

▶ *Preparo da torta*

Forrar uma forma com a massa da torta e levar ao forno quente por 15 minutos. Colocar o recheio, cobrir com duas claras de ovo batidas em neve com açúcar e voltar ao forno para dourar o suspiro.

Esta receita pode ser executada com outras frutas.

13.5. MOLHOS

As frutas são um ingrediente adequado para a elaboração de molhos. Os mais conhecidos são o "chutney" e o "curry", ambos de origem indiana. O "curry" conhecido comumente é o pó amarelado, obtido pela mistura de especiarias secas; entretanto, há um molho com a mesma denominação, feito originalmente com mangas verdes ou submaduras.

13.5.1. "Chutney"

Denominação dada a um molho originário da Índia, de múltiplas formulações, feito com mangas verdes, submaduras ou maduras. Pode também ser preparado com maçãs verdes, com pseudofruto de caju e com outras frutas carnosas de mesma textura.

Uma receita sugere o uso de mangas bem desenvolvidas, submaduras, no ponto popularmente conhecido como "de vez", que devem ser descascadas, cortadas em pedaços ou raladas e misturadas com sal na proporção de 60 g por quilo de frutas. Após uma cura de três a quatro horas, retirar os pedaços de manga do sal e cozinhar com igual quantidade de açúcar por tempo necessário para engrossar; então, adicionar uma cebola pequena cortada fina, alho esmagado e continuar o cozimento, juntando uvas, amêndoas, tâmaras e vinagre, até obter consistência pastosa.

Outra receita recomenda o uso de frutas bem desenvolvidas, verdes e firmes, que devem ser lavadas, peladas, raladas, misturadas com sal na proporção de 100 g por quilo de polpa, esperar 15 minutos e secar ao ambiente. A seguir, preparar o "chutney", que agora recebe a denominação de "chundo", misturando 1 kg da polpa dessecada com 1,4 kg de açúcar, 30 g de sal, 30 g de sementes de cominho moídas, 30 g de pimenta-do-reino inteira, 30 g de pedaços de canela, 30 g de cravos inteiros e 15 g de pó de pimentas vermelhas ardidas. Essa mistura é colocada em potes de vidro, coberta com gaze fina ou outro tecido similar e aquecida a 45°C por cinco dias. Depois os potes são fechados hermeticamente e deixados a curar por dez dias, quando estarão prontos para o consumo.

13.5.2. "Curry"

Esta denominação é comumente usada para designar um condimento em pó, de origem indiana, preparado pela mistura de diversas especiarias, segundo diferentes formulações. Em sua composição entram açafrão, frutos (sementes) de coriandro, gengibre e pimenta-de-caiena, aos quais são adicionados sal, cravo, canela em pó, cebola, alho e coco seco ou ralado, inteiros ou apenas parte deles.

No país de origem, o vocábulo "curry" também é usado para designar molhos doces, ácidos ou com frutas, preparados com "curry" em pó. Em sua preparação são usadas mangas verdes ou não totalmente maduras. Esses molhos são de uso corrente na cozinha indiana e apresentam uma diversidade de formulação, de acordo com as regiões, e recebem diferentes denominações, tais como "ambakalaia" e "amit".

"Ambakalaia" é feito com 1 kg de mangas verdes ou submaduras, 1 kg de cebola e 1 kg de açúcar, procedendo como se segue: descascar as cebolas e fervê-las inteiras em água, até amolecerem. Em seguida adicionar açúcar, sal e especiarias e continuar o aquecimento até engrossar, quando o molho estará pronto.

Para produzir "amti" os ingredientes são: manga verde, nozes moídas, coco seco, grão-de-bico, açúcar mascavo, sal, óleo de gergelim, sementes de mostarda, folhas de especiarias, pimentas ardidas verdes, pó de raiz de açafrão. Algumas pessoas adicionam uma pitada de assa-fétida. As especiarias são fritas no óleo e depois aquecidas com as nozes moídas, o grão-de-bico, as fatias de coco seco com meia xícara de água. Depois são colocadas as fatias de manga, as folhas de especiarias, o açúcar mascavo e o sal e feito o cozimento de toda a massa por 15 minutos, quando o molho estará pronto.

Outra receita, mais técnica e menos culinária, recomenda o uso de 1 kg de mangas verdes ou submaduras, 5 g de alho, 5 g de gengibre, 10 g de frutos de coriandro (sementes, como são conhecidos), 20 a 30 g de pimentas vermelhas ardidas, 5 a 10 g de açafrão, 20 a 30 g de cebola, 50 mL de óleo de gergelim, 500 g de açúcar, 5 a 7 g de cominho, 5 a 7 g de pimenta-do-reino. Deve-se proceder como se segue: moer as especiarias para formar uma massa. Cortar as cebolas em rodelas finas, fritar para dourar e então adicionar as especiarias, fritar mais 5 minutos, juntar as fatias de manga descascadas, açúcar e sal, cozinhar por 15 minutos ou até amolecer e formar a massa espessa do molho, que estará pronto para ser usado.

14

FRUTAS PRÉ-CURADAS

A INDUSTRIALIZAÇÃO é trazida de volta ao lar nos dias de hoje em que as frutas são encontradas à disposição da população durante todo o ano, independentemente da época natural de produção.

Os modernos meios de transporte e os meios de conservação ao natural, que incluem refrigeração, possibilitam o consumo de frutas fora da safra nas diferentes regiões do país. Estradas razoáveis, cadeia de frio disponível, veículos apropriados e velocidade permitem que as frutas sejam levadas de seu local de origem a múltiplos mercados, com oferta variada e farta.

Concomitantemente, em muitos pomares domésticos, mamões, laranjas, limões, limas, figos, jabuticabas, uvaia, pitaia e outras frutas são produzidas em quantidade superior à capacidade de consumo, um convite para conservar o excesso e evitar a perda. Picles, molhos, geleiadas, geleias, compotas, licores, doces em massa são razoavelmente fáceis de fazer, como descrito nos diferentes capítulos deste livro.

O costume de aproveitar a sobra de pomares vem de séculos e abriu oportunidades para o desenvolvimento da indústria de aproveitamento em larga escala. No início, baseava-se nos métodos domésticos trazidos ao país por descobridores, escravos e imigrantes, aqui aperfeiçoados com o uso de matérias-primas locais. Os artifícios da cozinha, aperfeiçoados, tornaram-se técnicas eficientes e economicamente importantes.

Certas frutas apresentam amargor, acidez em excesso, tanino e outros inconvenientes que dificultam seu uso imediato, e sua conservação ou transformação exige o uso de artifícios que permitam o aproveitamento. É o caso de muitos cítricos, como laranjas, laranjas-azedas, limões cuja casca constitui matéria-prima para a confecção de doces. Algumas frutas são ricas em látex (leite), frequentemente cáustico, como os figos e os mamões-verdes. Para o aproveitamento dos cítricos, é necessária a eliminação do amargor originário dos óleos essenciais; já no caso dos figos, dos mamões-verdes e dos jaracatiás, é preciso eliminar o látex (leite).

As matriarcas e as antigas cozinheiras de forno e fogão ensinam a ferver as frutas de forte amargor em água potável. É preciso deixar esfriar, trocar a água e repetir a operação em intervalos, comumente de um dia, até que o amargor seja reduzido e se alcance um gosto agradável. Não é recomendado eliminar totalmente o amargor, pois ele dá um toque especial ao paladar. A intensidade varia de acordo com o preparador. Para alguns, o primeiro aquecimento já permite obter o ponto adequado. Os aquecimentos que se seguem e a troca de água são feitos para a eliminação das substâncias que produzem mau paladar.

No caso das frutas que encerram "leite", são dois os procedimentos comumente utilizados: arranhar a casca para que o látex escorra (mamão-verde); raspar ou picar a fruta (figos, jaracatiás, pseudofruto do caju) com agulhas, mergulhar em água para lavar, trocar a água e submetê-la a aquecimentos sucessivos até que esteja livre do látex ou do excesso de tanino.

Após esses procedimentos preliminares, as frutas podem ser acondicionadas em calda final com concentração de 40% de açúcar ou calda concentrada obtida através de sucessivos aquecimentos, de modo que o paladar doce se torne mais ou menos intenso. Há quem aprecie usar calda final preparada com açúcar mascavo. O repouso por algum tempo antes de consumir, cerca de trinta dias, contribui para a estabilidade do paladar.

Mesmo as pessoas que gostam de doces caseiros, como os de laranja, mamão-verde, figo, nem sempre se dispõem a prepará-los, por causa da dificuldade inicial de "curar" a matéria-prima. Para contornar esse obstáculo, incentivar o uso e o aproveitamento das frutas e criar uma nova maneira de industrializar, alguns produtores introduziram no mercado o que se pode denominar de frutas pré-curadas. Em alguns supermercados já estão sendo vendidos mamões-verdes, laranjas, figos envasados em fortes sacos de polietileno previamente submetidos aos tratamentos descritos, pré-cozidos, prontos para serem colocados em calda de açúcar, ao gosto de cada consumidor. Nas embalagens, em geral aparecem instruções sobre como preparar a conserva.

15

Receituário de licores de frutas

HÁ frutas nacionais com características que favorecem a preparação de licores finos, ou muito finos, usando apenas as frutas ou adicionando outros aromatizantes ou essências.

15.1. Licor de jabuticaba

As jabuticabas, bagas de *Myrciaria* sp., família Myrtaceae, compostas de 85 a 90% de água e de 5 a 12% de açúcares, são adequadas para a obtenção de ratafiás, mas permitem a obtenção de bons licores por maceração. Há muitas receitas domésticas, quase sempre preparadas com aguardente de cana. Para preparar ratafiás é feita a extração do suco, a adição de açúcar e aguardente e a filtração. Geralmente são licores muito doces e de baixo teor de álcool. O uso de aguardente comunica sabor medíocre.

Feito por maceração e com álcool de boa qualidade, o licor de jabuticaba pode ser fino ou muito fino.

Em um recipiente de vidro, aço inoxidável ou plástico inatacável pelo suco, são esmagados 500 g de jabuticabas inteiras, graúdas, bem escolhidas, maduras, lavadas e escorridas. Sobre elas é colocado um litro de álcool a 85% de álcool em volume para macerar por 15 a 20 dias, ao fim dos quais cascas e sementes são separadas por peneiragem. O líquido obtido é mantido por mais uma semana em repouso e em seguida submetido a coa, clarificação e filtração, após o que lhe é adicionado um litro de xarope de açúcar, aromatizado ou não com extrato de vegetais. O xarope é preparado dissolvendo-se 1,25 ou 1,8 kg de açúcar em um litro de água em temperatura de ebulição sob agitação. Se houver turvação, deverá ser feita colagem e nova filtração.

A clarificação é feita por colagem com albumina e nem sempre é fácil, por causa do tanino presente no suco. O uso de bentonita auxilia a floculação e sedimentação. Filtração em pasta de papel ou pasta de celulose sob vácuo permite a obtenção de licor transparente, límpido, brilhante e colorido naturalmente de cor rubi, que se conserva bem por longos períodos. Entretanto, quando o licor não é bem clarificado pode escurecer com o passar do tempo e adquirir coloração acastanhada, perdendo a qualidade organoléptica.

15.2. Licor de uvaia

As uvaias, bagas de *Eugenia uvalha*, família Myrtaceae, compostas de 88 a 92% de água, muito ácidas, com 2 a 5% de açúcares totais, são adequadas para a preparação de ratafiás e licores por maceração. Feito por maceração com álcool de boa qualidade, o licor de uvaia pode ser fino ou muito fino.

Em um recipiente de vidro, aço inoxidável ou plástico inatacável pelo suco são esmagados 500 g de frutas inteiras, graúdas, bem escolhidas, maduras, lavadas e escorridas. Sobre elas é colocado um litro de álcool a 85% de álcool em volume para macerar por 15 a 20 dias, ao fim dos quais cascas e sementes são separadas por peneiragem. O líquido obtido é mantido por mais uma semana em repouso e em seguida submetido a coa, clarificação e filtração, após o que lhe é adicionado um litro de xarope de açúcar, aromatizado ou não com extrato de vegetais. O xarope é preparado dissolvendo-se 1,25 ou 1,8 kg de açúcar em um litro de água em temperatura de ebulição sob agitação. Se houver turvação, deverá ser feita colagem e nova filtração.

A clarificação feita por colagem com albumina é simples. Filtração em pasta de papel ou pasta de celulose sob vácuo permite a obtenção de licor transparente, límpido, brilhante e colorido naturalmente de cor amarela, que se conserva bem por longos períodos.

15.3. Licor de acerola

As bagas de acerola ou cereja-das-antilhas, *Malpighia glabra*, família Malpighiaceae, compostas de 85% de água e aproximadamente 8,5% de açúcares totais, são adequadas para a preparação de ratafiás e licores por maceração. Os ratafiás são feitos com polpa da fruta e o licor por maceração, com frutas inteiras. Com álcool de boa qualidade, o licor de acerola pode ser fino ou muito fino.

Em um recipiente de vidro, aço inoxidável ou plástico inatacável pelo suco são esmagados 500 g de frutas inteiras, graúdas, bem escolhidas, maduras, lavadas e escorridas. Sobre elas é colocado um litro de álcool a 85% de álcool em volume para macerar por 15 a 20 dias, ao fim dos quais cascas e sementes são separadas por peneiragem. O líquido obtido é rico em material em suspensão, de difícil decantação, por isso é aconselhado o uso de bentonita ou argilas apropriadas para auxiliar a sedimentação. Depois o líquido é submetido a colagem com albumina ou gelatina, mas a clarificação é difícil e demorada. Finalmente, é submetido a filtração a vácuo em camada de pasta de papel ou de celulose, mas a passagem é difícil e exige frequente troca do material filtrante. No entanto, o filtrado é transparente, brilhante, naturalmente vermelho e tem aspecto muito bonito.

A edulcoração é feita após a filtração, com adição de xarope preparado por dissolução de 1,25 ou 1,8 kg de açúcar em um litro de água. Após a adição do xarope pode ocorrer turvação, que exige nova filtração em camada filtrante de papel ou de celulose, mais demorada porque se trata da filtração de líquido xaroposo. O resultado final é um licor fino ou muito fino de ótima aparência, de aroma e sabor excelentes e de boa e longa conservação.

15.4. Licor de mexerica

As mexericas, denominadas também de mexericas do rio, do gênero Citrus, são tangerinas de casca amarela quando maduras, de fácil descasque, ricas em óleo essencial de aroma agradável, forte e penetrante. São adequadas para o preparo de licores por maceração.

Um litro de álcool a 85% de álcool em volume é colocado sobre 500 g de cascas cortadas em pequenos pedaços deixados em repouso por 15 a 20 dias, ao fim dos quais é feita a coa para separar o líquido dos sólidos grosseiros e deixado em repouso por mais sete dias. Depois é feita colagem com albumina, deixado sedimentar, feita a trasfega e a filtração a seguir. Ao filtrado é adicionado um litro de xarope de açúcar frio, mas feito a quente, por dissolução de 1,25 ou 1,8 kg de açúcar em um litro de água. Após a adição do xarope pode ocorrer turvação, que exige nova filtração em camada filtrante de papel ou de celulose, mais demorada porque se trata da filtração de líquido xaroposo.

O resultado final é um licor fino ou muito fino de ótima aparência, de aroma e sabor excelentes e de boa e longa conservação.

15.5. Ratafiá de abacaxi

Por definição, ratafiá é um licor preparado com frutas frescas ou com suco fresco de frutas. O de abacaxi é elaborado com suco de frutas frescas, maduras e em perfeito estado de sanidade.

Há várias receitas para a elaboração com suco, das quais foram selecionadas duas, descritas a seguir.

Tomar um abacaxi maduro e perfeito, lavar e cortar em pedaços pequenos com casca, amassar e colocar em maceração por dois a quatro dias em mistura de álcool e água na proporção de 2,3 L de álcool a 95% de álcool em volume e 1,7 L de água. Decantar, coar e adicionar 2,3 kg de açúcar, 25 g de baunilha e 2 a 3 g de essência de pêras, filtrar em papel e colorir de amarelo com açafrão.

Por outra receita, dissolver a quente 1,25 kg de açúcar em um litro de água, esfriar e colocar pedaços de abacaxi descascado ou com casca, juntar um litro de álcool a 85% de álcool em volume e deixar repousando por 10 dias, ao fim dos quais filtrar em papel. Colorir com açafrão e usar puro ou aromatizado com 2 g de baunilha ou canela.

15.6. Ratafiá de maracujá

Tomar maracujás maduros, sadios, cortar e extrair as sementes com o suco, sem a membrana branca que fixa as sementes. A 500 g de sementes com o suco, adicionar um litro de álcool a 85% de álcool em volume e deixar em maceração por 15 a 20 dias, ao fim dos quais as sementes são separadas em uma peneira e o líquido alcoólico, que é deixado mais cinco dias em repouso, quando começa a clarificação por colagem com clara de ovo, na proporção de uma para 100 litros de licor.

15.7. Aromatização

Os licores descritos, elaborados apenas com frutas, são de boa qualidade, mas podem ser acrescentados extratos de aromatizantes ou essências.

Há um grande número de aromatizantes que podem ser adicionados, a critério do licorista, escolhidos entre uma grande variedade de vegetais, tais como: absinto, aloés, amêndoas, âmbar, angostura, anis verde, anis estrelado, bálsamo-do-peru, bálsamo-de-tolu, baunilha, camomila, canela, cardamomo, cravo-da-índia, cascas de laranja azeda, funcho, gengibre, limão, menta, quina, zimbro e suas essências.

Um exemplo é a adição de 10 a 20 mL de extrato alcoólico por litro de licor, preparado com 0,8 g de canela-da-china, 0,4 g de noz-moscada ou de macis, 0,2 g de coentro, 0,2 g de baunilha e 1,0 g de anis verde macerado em 50 mL de álcool. Esta receita é modificada ao gosto do licorista.

16

Assepsia no aproveitamento tecnológico de frutas

Em qualquer escala, em termos de volume ou de massa, que se pretenda fazer o aproveitamento tecnológico de frutas, é necessário observar regras de assepsia que garantam a conservação do produto e seu uso por tempo dilatado, em relação ao que é esperado do produto ao natural. O processamento visa o preparo de produtos agradáveis, de bom paladar, de longa conservação e infensos à saúde dos consumidores. Aliás, esse é o objetivo principal da tecnologia de conservação.

A regra primordial para obter alimentos de boa qualidade é trabalhar com matéria-prima de ótima qualidade. No caso das frutas, devem ser usadas aquelas colhidas o mais recentemente possível, que já estejam maduras, que se apresentem íntegras, sem danos físicos (cortes, amassamento, sem sinais da ação de insetos e roedores), em perfeita sanidade e bem formadas. A boa formação significa que o produto deve apresentar-se na sua forma natural (frutas em calda, cristalizadas, secas ou desidratadas). A malformação não constitui um impeditivo para o processamento, desde que as outras qualidades estejam preservadas (características organolépticas, textura e sanidade). O produto industrializado é obtido após a destruição da fruta, mas de modo a manter suas características nutritivas intrínsecas, e não deve trazer traços da malformação, como acontece com os néctares, os sucos e os produtos em pó ou em pasta.

As frutas a manipular não devem estar amassadas, laceradas ou cortadas, porque uma abertura na casca, que constitui a proteção natural delas, provoca perda de suco ou exposição da polpa e favorece contaminações microbianas causadoras de fermentações, proliferações de microrganismos deterioradores, reações enzimáticas negativas e podridão microbiana.

Em geral, as frutas apresentam baixo pH, o que reduz a patogenicidade dos agentes microbianos e a presença preocupante de *Escherichia coli*, *Salmonella*, *Shighella*, *Streptococcus* e vibriões. A assepsia da matéria-prima permite o controle de contaminações ao longo de todo o processamento.

Da matéria-prima recebida devem ser eliminados materiais sólidos, como terra, pedaços de metal, cascas, folhas, galhos, partes de embalagens, de tecidos e plásticos, fezes de aves, pois nelas podem estar presentes salmonelas e outros patógenos. A eliminação é feita por catação, separadores magnéticos, assopramento e lavagem, dependendo da magnitude da indústria.

O recinto de trabalho deve ser lavado com frequência, do chão ao teto, para evitar a proliferação de insetos, roedores e microrganismos.

A assepsia começa pela higiene e postura das pessoas que trabalham no processo de industrialização, de acordo com a natureza da operação que executam, e deve tornar-se cada vez mais rigorosa, desde o momento de recepção da matéria-prima, seu preparo e sua higienização, até os diferentes estágios do processamento propriamente dito.

As pessoas que manipulam e processam as frutas devem tomar banho e trocar as vestimentas diariamente, trazer os cabelos lavados e cobertos com toucas apropriadas. Os homens não devem usar cabelos compridos e barba. As mulheres, como os homens, devem ter as mãos perfeitamente lavadas, as unhas curtas e sem esmalte. A higiene perfeita exige sempre a lavagem das mãos: após o uso de banheiro, após a limpeza e após a remoção do lixo. A eliminação dos resíduos e sua remoção higiênica para local distante da fábrica, de onde não possam retornar elementos causadores de contaminação, são fundamentais.

As indústrias e as preparações artesanais e domésticas devem seguir planos de assepsia diários e de período expandido, para garantir a higienização correta do ambiente.

Os condutores, filtros, desintegradores, descascadores, moedores, prensas, balanças, facas, tesouras, tanques, baldes, enfim, todos os apetrechos usados devem ser rigorosamente lavados e secos ao final de cada tarefa.

Sucos, açúcar e líquidos doces residuais devem ser eliminados a cada operação. Sua permanência favorece a multiplicação de leveduras que provocam fermentação indesejada, além de fungos e bactérias que também causam fermentação e deterioração.

Desinfecção e esterilização devem ser realizadas com frequência, para evitar o desenvolvimento de microrganismos psicrófilos, mesófilos e termófilos e manter o processamento livre de contaminações e deteriorações por eles causadas.

Os resíduos devem ser eliminados assim que termina a operação que dá origem a eles; e o chão e os utensílios devem ser imediatamente lavados e secos, se houver possibilidade. Bombas, tubulações e registros devem ser lavados com desinfetante e submetidos a passagem de vapor para eliminação de resíduos.

Em pequenas instalações, o uso de água quente e detergente é essencial para manter o ambiente limpo. Diz-se comumente que sabão, água quente e esfregação são ótimos meios de evitar contaminações e infestações.

Os produtos alimentares estão sujeitos a contaminação provocada por microrganismos, agentes químicos (desinfetantes, pesticidas, detergentes) e antibióticos. A lavagem da matéria-prima e do ambiente com água limpa em abundância e potável permite eliminar muitos desses contaminantes. A água usada, quando proveniente da rede pública ou originada de reservatórios ou açudes, deve ser tratada, para a sua purificação. A assepsia é fundamental, daí a necessidade de observá-la com rigor.

Os panos usados para eliminar derramamentos, esfregar e limpar as mãos, e equipamentos, e os panos para enxugar devem ser numerosos e na cor branca, de modo que manchas e sujidades fiquem evidentes; e devem ser constantemente lavados.

A higiene pessoal de quem manipula a preparação dos alimentos, ou seja, de quem lava, descasca, corta, rala, cozinha e embala, deve ser rigorosa, porque a pessoa responsável pela qualidade do produto não deve ser vetor de contaminações ou infestações.

Ao consumir o produto é necessário verificar se ele está em perfeitas condições para consumo. Deve-se observar as suas características no que diz respeito a cor, cheiro e aspecto: se há bolores na sua superfície, espuma ou outros sinais indicativos de fermentação; se há liquefação, quando o produto deve mostrar-se sólido; se exala cheiro estranho e exibe coagulação, quando deve mostrar-se líquido; se está turvo, quando deve mostrar-se transparente e brilhante; se está viscoso, fluido ou seco, quando deve mostrar-se pastoso; e outras características que não correspondam às de um produto perfeitamente conservado e que são sinais de alteração ou contaminação.

Também se devem examinar as embalagens, rejeitando aquelas amassadas, furadas ou com sinais de violação, mesmo as domésticas.

Se o produto excede a capacidade de consumo imediato, deve ser conservado na própria embalagem, sem furos ou vazamentos. Caso contrário, no lugar da embalagem pode ser utilizado um recipiente adequado para estocar o produto em temperatura de refrigeração ou congelamento. Ele pode ser submetido a fervura e resfriamento antes de ser armazenado, mas não se deve alternar aquecimento e resfriamento, a não ser em condições de segurança. O armazenamento de sobras após o uso deve seguir normas de segurança, mesmo sob refrigeração. Os alimentos para consumo imediato devem ser colocados na parte superior da câmara de refrigeração; aqueles em preparo, no meio; e a matéria-prima, na parte inferior.

São muitas as publicações técnicas sobre o assunto, na forma de livros didáticos, manuais e normas técnicas especiais para a fabricação de alimentos e bebidas em geral, que incluem capítulos e textos sobre as exigências e normas que regem o tema.

A Comissão Nacional de Normas e Padrões para Alimentos (CNNPA) e a Agência Nacional de Vigilância Sanitária (ANVISA) apresentam recomendações especiais que são modificadas de tempos em tempos e devem ser consultadas quando se deseja implantar instalações para a industrialização de frutas.

Bibliografia

ALMEIDA, J. R. de; VALSECHI, O. **Guia de composição de frutas**. Bol. 21. Instituto Zimotécnico. Piracicaba, 1966. 250p.

ANVISA. Portaria nº 326, de 30 de julho de 1997. Disponível em: <http://bvsms.saude.gov.br/bvs/saudelegis/svs1/1997/prt0326_30_07_1997.html>. Acesso em: 18-06-2018.

ARSDEL, W. B. van; COPLEY, M. J.; MORGAN. **Food dehydration**. Westport:AVI, 1973. 2v.

BANCO DO NORDESTE DO BRASIL. **A agroindústria do caju no Nordeste – Situação atual e perspectivas**. Fortaleza, 1973. 221p.

BRAVERMAN, J. B. S. **Citrus products**. New York: Interscience, 1949.

BREVANS, J. de. **La fabrication des liqueurs.** Paris: J. B. Baillière et fils, 1897. 456p.

CALZAVARA, B. B. G. **Fruteiras: abieiro, abricozeiro, bacurizeiro, biribazeiro, cupuaçuzeiro**. Inst. Pesq. Agropec. Norte – Ipean, 1970. v. 2. (Série Culturas da Amazônia)

CALZAVARA, B. B. G. **Fruticultura tropical: fruta-pão *Anticarpus altilis* (Park) Fosberg**. Belém: Embrapa-CPATU (Documentos 32), 1987. 27p.

CALZAVARA, B. B. G.; MULLER, C. H.; KAHWAGE, O. N. C. **Fruticultura tropical: o cupuaçuzeiro – Cultura, beneficiamento e utilização**. Belém. Embrapa--CPATU (Documentos 32), 1984. 101p.

CAVALCANTE, P. B. **Frutos comestíveis da Amazônia**. 4. ed. Belém: Museu Emílio Goeldi. MCT/CNPq, 1988. 279p.

CEREDA, E.; LIMA, U. de A.; CEREDA, M. P.; BRASIL, M. A. M. Conservação do maracujá amarelo para consumo *in natura*. **Acta Horticulturae**, v. 50, p. 145-150, 1976.

CRUESS, W. V. **Commercial fruit and vegetable products**. New York: McGraw Hill, 1958. 870p.

CRUESS, W. V. **Produtos industriais de frutas e hortaliças**. Trad. Tavares. H. A. Rio de Janeiro: Usaid, 1973. 2v.

DESROSIER, N. W. **The technology of food preservation**. 3. ed. Westport: AVI, 1970. 492p.

GHERSI, I. **Il liquorista. Duemila recette e procedimenti pratici per la composizione e fabbricazione del liquori**. 7. ed. Milano: Ulrico Hoepli, 1950. 623p.

GIACOMELLI, E. J. **Umbu, feijoa e romã**. Inf. SBF. v. 7, n. 3, p. 14-16, 1988.

GUTCHO, M. H. **Freeze drying processes for the food industry**. Park Ridge, NJ, 1977. 400p.

HANSON, L. P. **Commercial processing of fruits**. Park Ridge: Noyes Data, 1975. 295p.

HIRSCH, I. **Manufacture of whiskey, brandy and cordials**. 2. ed. Newark: Sherman Engineering Co., 1937, 183p.

INGLEZ DE SOUSA, J. S.; DRUMOND-GONÇALVES, R. **Cultura, doenças e pragas do marmeleiro**. São Paulo: Chácaras e Quintais, 1954. 56p.

JACOBS, M. B. **Food and food products**. New York: Interscience, 1951. 3v.

JUNQUEIRA, W. R. **Cultura do kiwi**. Inf. SBF. v. 7, n. 3, p. 13-14, 1988.

LIMA, V. de P. M. S. (Coord.). **A cultura do cajueiro no Nordeste do Brasil.** Fortaleza. Banco do Nordeste do Brasil S/A-Etene, 1988. 486p.

LOESECKE, H. W. von. **Bananas – Chemistry, physiology, technology**. 2. ed. rev. New York: Interscience, 1950. 189p.

MARSHALL, R. F. **Cherrier and cherry products**. New York: Interscience, 1954. 283p.

MEDINA, J. C.; BLEINROTH, E. W.; TANGO, J. S.; CANTO, W. L. **Abacate – Da cultura ao processamento e comercialização**. 1. Campinas: Ital, 1978. 212p. (Série Frutas Tropicais)

MEDINA, J. C.; BLEINROTH, E. W.; DE MARTIN, Z. J.; SOUZA Jr., A. J.; LARA, J. C. C.; HASHIZUME, T.; MORETTI, V. A.; MARQUES, J. F. **Abacaxi – Cultura, matéria-prima, processamento e comercialização.** Campinas: Ital, 1978. 200p. (Série Frutas Tropicais 2)

MEDINA, J. C.; BLEINROTH, E. W.; DE MARTIN, Z. J.; TRAVAGLINI, D. A.; OKADA, M.; QUAST, D. G.; HASHIZUME, T.; MORETTI, V. A.; BICUDO NETO, L. de C.;

ALMEIDA, L. A. S. B. de; RENESTO, O. V. **Banana - Cultura, matéria-prima, processamento e aspectos econômicos**. 2. ed. rev. ampl. Campinas: Ital, 2. ed. 1987. 302p. (Série Frutas Tropicais 3)

MEDINA, J. C.; BLEINROTH, E. W.; BERNHARDT, L. W.; HASHIZUME, T.; RENESTO, O. V.; VIEIRA, L. F. **Caju - Da cultura ao processamento e comercialização**. Campinas: Ital, 1078. 178p. (Série Frutas Tropicais 4)

MEDINA, J. C.; GARCIA, J. L. M.; DE MARTIN, Z. J.; KATO, K.; TERUO, P.; TURATTI, J. M.; SANTOS, L. C.; SILVA, M. T. C.; CANTO, W. L.; BICUDO NETO, L. de C.; MORETTI, V. A. **Coco - Da cultura ao processamento e comercialização**. Campinas: Ital, 1980. 285p. (Série Frutas Tropicais 5)

MEDINA, J. C.; GARCIA, J. L. M.; KATO, K.; DE MARTIN, Z. J.; VIEIRA, L. F.; RENESTO, O. V. **Goiaba - Da cultura ao processamento e comercialização**. Campinas: Ital, 1978. 106p. (Série Frutas Tropicais 6)

MEDINA, J. C.; GARCIA, J. L. M.; SALOMÓN, E. A. G.; VIEIRA, L. F.; RENESTO, O. V.; FIGUEIREDO, N. M. S. de; CANTO, W. L. **Mamão - Da cultura ao processamento e comercialização**. Campinas: Ital, 1980. 244p. (Série Frutas Tropicais 7)

MEDINA, J. C.; BLEINROTH, E. W.; DE MARTIN, Z. J.; QUAST, D. G.; HASHIZUME, T.; FIGUEIREDO, N. M. S.; MORETTI, V. A.; CANTO, W. L.; BICUDO NETO, L. de C. **Manga - Da cultura ao processamento e comercialização**. Campinas: Ital, 1981. 399p. (Série Frutas Tropicais 8)

MEDINA, J. C.; GARCIA, J. L. M.; LARA, J. C. C.; TOCCHINI, R. P.; HASHIZUME, T.; MORETTI, V. A.; CANTO, W. L. **Maracujá - Da cultura ao processamento e comercialização**. Campinas: Ital, 1980. 207p. (Série Frutas Tropicais 9)

MEDINA, J. C. (Coord.). **Alguns aspectos tecnológicos das frutas tropicais e seus produtos**. Campinas: Ital, 1980. 296p. (Série Frutas Tropicais 10)

PARK, Y. K. Produção de enzimas industriais de origem vegetal. In: Lima, U. de A.; Aquarone, E.; Borzani, W.; Schmidell, W. **Biotecnologia Industrial**. v. 3. Processos fermentativos e enzimáticos. São Paulo: Blücher, 2001. p. 367-376.

PIMENTEL GOMES, R. **Fruticultura brasileira**. São Paulo: Nobel, 1972. 445p.

RIBEIRO, M. A. A.; REGITANO-D'ARCE, M. A. B.; LIMA, U. de A.; NOGUEIRA, M. C. S. Storage of canned shelled Brazil nuts (*Bertholletia excelsa*): effects on the quality. **Acta Alimentaria** v. 22, p. 255-303, 1993.

RIBEIRO, M. A. A.; REGITANO-D'ARCE, M. A. B.; LIMA, U. de A.; BAGGIO, C. E. Armazenamento de castanha-do-pará com e sem casca. Efeito da temperatura no ranço. **Sci. Agric.** Piracicaba, v. 50, n. 3, p. 343-348, 1993.

RIBEIRO, M. A. A.; SOLER, R. M.; REGITANO-D'ARCE, M. A. B.; LIMA, U. de A. Shelled Brazil nuts canned under different atmospheres. CONG. BRAS. CI. TECNOL. ALIMENTOS. **Anais...** São Paulo, jun. 1992. p. 298.

ROBINET, É. **Guide pratique du distillateur - Fabrication des liqueurs**. Paris: Bernard Tignol, 1891. 424p.

SILVA JR., E. A. **Manual de controle higiênico-sanitário em alimentos**. 5. ed. São Paulo: Varela, 2002.

SINGH, L. B. **The mango – Botany, cultivation and utilization**. London: Leonard Hill, 1968. 400p.

TERREL, M. G. **Large quantity recipes**. Philadelphia: J. B. Lippincott, 1951. 414p.

TORREGGIANI, D. Osmotic dehydration in fruit and vegetable processing. **Food Res. Int.** v. 26, n. 1, p. 59-68, 1993.

TORREY, M. **Dehydration of fruits and vegetables**. Park Ridge, NJ: Noyes Data, 1974. 286p.

TRESSLER, D. K.; ARSDEL, W. B. van; COPLEY, M. J. **The freezing preservation of foods**. Westport: AVI, 1968. 4v.

TRESSLER, D. K.; JOSLYN, M. A. **Fruit and vegetable juice processing technology**. Westport: AVI, 1961. 1.028p.

TRESSLER, D. K.; JOSLYN, M. A. **Fruit and vegetable juice processing technology**. 2. ed. Westport: AVI, 1971. 486p.

TREVAS FILHO, V. Informações tecnológicas sobre processamento de caju, maracujá e abacaxi. **Pesq. Agropecuária do Nordeste**, Recife. v. 3, n. 2, p. 49-62, 1971.

TRIGO, V. C. **Manual prático de higiene e sanidade nas unidades de alimentação e nutrição.** São Paulo: Varela, 1999.

VALLEJO, F. J. **Alcoholes – Su fabricación y usos**. Buenos Aires: Editorial Hasa, 1945. 251p.

WOSIACKI, G.; KAMIKOGA, A. T. M.; CHIQUETTO, N. C.; ROCCO, C. S. Estabilidade de sucos despectinizados de maçã (safra 1988/1989). **Bol. Cepa**, Curitiba, 1991.

XANDRI TAGUEÑA, J. M. **Elaboración de aguardientes simples compuestos y licores**. Barcelona: Salvat, 1958. 900p.

IMPORTÂNCIA DAS TECNOLOGIAS DE PRODUÇÃO, CONSERVAÇÃO E PROCESSAMENTO PARA A AGROINDUSTRIALIZAÇÃO DE FRUTAS

NO Brasil, em toda a sua extensão, são encontradas plantas frutíferas que produzem em épocas diferentes, de acordo com sua adaptação ao clima. Em cada região, os habitantes estão acostumados aos chamados doces caseiros, preparados com frutas locais; nesses doces é comum o uso de açúcar cristal, refinado, mascavo e também de rapadura em âmbito doméstico. Em escala menor, também ocorre manufatura de produtos de frutas com uso de edulcorantes apropriados, no lugar dos açúcares.

O país, de dimensões continentais, se localiza em uma zona equatorial e outra tropical, com diversidade de climas que permite indicar outras zonas climáticas: Equatorial, Tropical Zona Equatorial, Temperada, Tropical Brasil Central e Tropical Nordeste Oriental, na Amazônia próxima do Equador; em todas elas há ocorrência de espécies frutíferas conhecidas e apreciadas regionalmente, que potencialmente poderiam ter seu conhecimento ampliado, assim como seu uso industrial. Em geral, são aproveitadas tecnologicamente nos locais de produção em curtos períodos de safra.

Em relação ao clima, as frutas podem ser de inverno, de clima temperado, de clima subtropical e de clima tropical, caracterizadas pela sua tolerância às condições climáticas, com destaque para a influência da temperatura.

O aproveitamento tecnológico das frutas está sujeito às suas características de qualidade, de natureza física e química. Lembre-se que as frutas de clima tropical e temperado diferem quanto às características físicas e composição química. Entre as tropicais há grande variedade de tamanho quando são comparadas entre si (jacas, jabuticabas, mangas, cupuaçu e outras). Entre as de clima temperado, ao contrário, há maior regularidade de dimensões embora com exceções; maçãs, pêssegos, peras, ameixas e cerejas são exemplos.

É preciso desenvolver atividades para difundir o conhecimento sobre as frutas autóctones e sobre a sua potencialidade para industrialização e consumo além do local tradicional de sua ocorrência. Esse trabalho cabe às instituições de pesquisa e universidades e é o que vem ocorrendo, ainda que limitadamente. A comprovação é encontrada nas apresentações em congressos e reuniões científicas, com destaque para os encontros periódicos sobre química de alimentos e bebidas. Sem dúvida, primordialmente cabe ao governo prover e manter suporte financeiro a instituições de pesquisa e universidades com os fins de preparo contínuo de pesquisadores e de execução de programas de investigação propostos pelos integrantes das unidades.

Fomentar agronomicamente a produção das frutas menos tradicionais é muito importante. Nesse sentido, é fundamental que as indústrias se instalem e produzam economicamente onde haja matéria-prima de qualidade e em grande escala. Se não houver polos de produção sustentáveis, o aproveitamento tecnológico de frutas ficará restrito a produções artesanais e domésticas sazonais. Nesse caso, as indústrias são de encomenda e funcionam quando há produção de frutas, geralmente obtidas por catação e não por agricultura racional ainda que de pequena extensão. A expansão de áreas de plantio concorrerá para que novas espécies de frutas passem a alimentar novas linhas de manuseio tecnológico, em pequenas unidades multiprocessadoras, inicialmente, no aguardo de novas matérias-primas que venham a se tornar amplamente acessíveis, material e economicamente.

Com relação à matéria-prima, vale lembrar que as frutas são frutos do ponto-de-vista botânico, mas que nem todo fruto é realmente uma fruta. Em linhas gerais, e muito simplesmente, as flores são fecundadas e geram os frutos que são ovários desenvolvidos. Eles podem ser comestíveis ou não. As frutas se formam do mesmo modo, mas o ovário ou alguns de seus tecidos são desenvolvidos e são comestíveis; contêm sucos ou uma polpa açucarada agradável ao paladar quando ingeridos ao natural; contêm elementos nutricionais como vitaminas, sais minerais, ácidos, proteínas e gordura em proporções variáveis de acordo com a espécie vegetal. Os frutos secos diferem e por esse motivo não são classificados como frutas. Os frutos são deiscentes e não deiscentes. Os deiscentes se caracterizam por se abrirem naturalmente após a maturação e deixarem as sementes expostas. Entre os frutos deiscentes são exemplos as favas de flamboyant e de feijões. Entre as frutas, a romã apresenta deiscência. As frutas se classificam como bagas e drupas. As primeiras contêm várias sementes, como laranja, uva e acerola; e as drupas ostentam apenas uma semente, comumente denominada de caroço, como: abacate, cereja, ameixa, pêssego e damasco. As frutas de caroço europeias (cereja, ameixa, pêssego) além do consumo ao natural ou processada, servem de matéria-prima para bebidas destiladas.

Segundo as estatísticas, o Brasil é o terceiro maior produtor de frutas em seguida à China e à Índia. No entanto, não é o maior exportador de frutas ao natural, embora seja líder na exportação de sucos concentrados de cítricos. Em 2017, as frutas brasileiras mais exportadas ao natural, em ordem de grandeza foram: melão, manga, banana, maçã, limão e uva, totalizando em conjunto mais de 400 milhões de toneladas e 530 milhões de dólares. O Instituto Brasileiro de Geografia e Estatística – IBGE – oferece anualmente atualização de dados econômicos, incluídos os sobre frutas. Ressalte-se que as estatísticas são usadas apenas como ilustração, pois elas se modificam ao longo dos anos; em pouco tempo se desatualizam quanto aos valores e quanto ao objeto de comércio. O tipo e a qualidade do material exportado seguem a demanda do mercado e de sua modificação, comandada pelo desenvolvimento das tecnologias de produção, conservação e processamento.

O Coordenador e Autor